本书由国家自然科学基金青年科学基金资助出版，项目编号：51209135

U0248556

河流弯道演变与转化

的 试 验 研 究

Research on Evolution and Transform
of Meandering River

张俊勇　陈　立／著

学林出版社

PREFACE 序

人类发展历史与河流密切相关。河流给人们带来了鱼米之利、舟楫之便,无数城市的兴衰都与河流密切相关,泰晤士河之于伦敦,塞纳河之于巴黎,长江之于上海、重庆、武汉,珠江之于广州……河流的泛滥也给人们带来了无穷无尽的灾难,如黄河的治理,千百年来一直是我国历朝历代的重中之重,不客气地说,中国的工程史,很大程度上就是一部治河史。而随着人类社会的发展和认识自然、改造自然的力度不断提高,对河流治理、改造的要求也越来越高,防洪、灌溉、取水、航运、生态都对河流提出了更高的需求,防洪需要稳定的河势,而航运和取水除了大的河势需要稳定,还需要深泓的稳定,甚至于对水深提出了更高的要求。一切的需求、治理,都有赖于对河流自身发展、变化规律的认识和把握。

自然河流,千姿百态。正如世上没有两片一模一样的叶子,世上也不存在一模一样的河流;甚至同一条河流,也在时时刻刻发生变化。无论是弯曲、分汊、顺直、辫状,河流形态的多样,既是一个过程,在某种程度上,也是河流自身特性与边界条件协调过程的必然结果;其形态的形成和发展,既有一定的偶然性,更是一种受制于内、外两大因素的必然结果。因此,河流形态或者说河型研究,一向是河流动力学、河流演变学中的一项重要内容。

以往的研究往往着重于河型的分类,如最广泛的顺直、弯曲、分汊、游荡四种河型的划分,并分别研究其演变规律。本书角度稍有不同,主要从形态的角度出发,立足于水流弯曲特性,开展了研究。其基本认识就是:只要水流有弯曲,就有一定程度的弯曲河道水沙特性;只是有的河段能稳定存在,发育成了较典型的弯道;有的过程中虽发育了弯道但由于边界的不稳定,而发育成不稳定的辫状河流或游荡河流;有的边界条件比较特殊,发展成了江心洲或江心岛发育的分汊河流,极端情况就是地质构造作用和水流造床作用同时高度显现的山区河流;还有的弯曲特性甚至在现象上几乎湮没在水沙大环境中,如涨落潮流高度发育的河口弯道。从这个意义上讲,本书研究的弯道演变与转化,其内涵和外延与传统的弯道是略有不同的。

本书除绪论外,主要包括三大篇:(1)天然河流篇,主要以天然河流实测资料为基础,分别介绍本人对山区弯道、冲积平原弯道以及河口弯道形态及演变的一些分析、理解和体会;(2)水槽模拟篇,主要介绍笔者进行的水槽试验的一些研究成果;(3)数值模拟篇,主要介绍作者对河型发育在数学模型尤其是元胞自动模型研究方面的一些探索。

从很小的时候开始,就特别崇拜能够著书立说的人。漫长的求学过程中,拜读了无数先贤的著作,在学习真知灼见的同时,也对专著充满了仰慕和崇拜,甚至有神秘感和距离感。从这个意义上讲,今天本书的斗胆出版,是一个挑战和提高。个人理解,既是一个自我总结,将多年来成熟和不成熟的认识结集与同仁分享和交流的尝试;更是一个自我加压、自我鞭策,以行动来促进自己不断学习、不断提高的过程。

本书是笔者多年来在导师指导下研究成果的结集,陈立教授也是本书的第二作者。长江口航道管理局和上海河口海岸科学研究中心的领导和同事,一直给予了大力的关心和支持,在此一并致谢。最要感谢的是我的家人,尤其是四岁的儿子张钺,他永远是我最大的动力源泉。

张俊勇

2014 年 5 月,上海浦东

CONTENTS 目　录

第一篇　天 然 河 流 篇

第二篇　水　槽　模　拟　篇

第三篇　数　值　模　拟　篇

第 1 章

绪　　论

1.1　概述

人类文明与河流息息相关。四大文明古国分别诞生在土地肥沃、灌溉便利的尼罗河流域、两河流域、恒河流域和黄河流域。河流给人们带来了灌溉之利、舟楫之便,同时洪水的泛滥也给人们带来了无穷无尽的灾难。伴随人类发展史的,就是一部认识河流、适应河流和改造河流的历史。随着社会的进步、科技的发展,人们对河流不断改造,对河流工程中的问题也在不断认识研究之中。

其中河流的形态与演变是河流工程学的重点和基础,也是河流影响人类感官的最基本的要素。千姿百态的河流形态给人类无数震撼,"三十年河东、三十年河西"则是对河流动荡不定的生动描述。

河型即按河道的不同形态和性质分类是河床演变学的一个基本问题。目前在西方国家应用较广的河型分类方法是 Leopold 的方法[1],把河流分为弯曲、辫状、顺直三类,这一分类虽比较简单,有其一定的优越性,但同样是辫状河流,长江中下游和黄河下游表现了不同的演变特征,这两类河流实质上是两类不同的河型。Lane 和张海燕在 Leopold 的基础上进一步把辫状河流分为陡坡辫状和缓坡辫状,较好地体现前述两类河流的区别[2]。

方宗岱[3]引入水文、泥沙的特性作为河型分类的指标,按照河道平面外形的不同将河流分为弯曲、江心洲和摆动三类。罗辛斯基和库兹明[4]从河床边界组成结构与力学性质的差异划分河型,根据河岸与河床的相对可动性的大小,将河型分为周期展宽型、弯曲型和游荡型三种。林秉坤[5]汲取了罗辛斯基等分类法的优点,从地质地貌途径划分河型,提出了划分河型的三个原则,把河型分为三个类(顺直微弯、河曲、分汊河床)和四个亚类。尹国康从河床自动调整的机理出发,根据河床形态、成因和演变规律,划分了河型的转化模式。Schumm 提出了两种划分河型的方法。一种把平原的稳定冲积河流,按其形态,用曲率作分类指标划分[6];另一种是冲积河床的划分,根据泥沙输移的方式划分[7]。

我国现在通常将河流分为四类[8,9],按平面形态或运动形式分别为:顺直型或边滩平移型,弯曲型或蜿蜒型,分汊型或交替消长型,散乱型或游荡型。这一分类符合我国河流的现实,因而得到了广泛的应用(表1-1)。

表1-1 武汉水利电力学院河型分类

平面形态	演变过程	主 要 特 点
顺直型	边滩平移型	中水河槽顺直,边滩呈犬牙交错分布,并在洪水期向下游平移
弯曲型	蜿蜒型	中水河槽具有弯曲外形,深槽紧靠凹岸,边滩依附凸岸,凹岸冲蚀,凸岸淤长,河身在无约束条件下向下游蜿蜒蛇行,有约束条件下平面形态基本不变
分汊型	交替消长型	中水河槽分汊,一般为双汊,也有多汊的,各汊道周期性交替消长
散乱型	游荡型	中水河槽河身宽浅,沙滩密布,汊道纵横,并且变化十分迅速

1.2 河型成因

1.2.1 顺直河型

天然河流中,顺直河流(河长超过河宽10倍以上)非常罕见。在许多河型分类体系中,顺直河流都被当作一种典型的河流,也有人认为顺直河流是河型转化过程中暂时的过渡形态[10]。

Schumm 在其地貌界限假说中对顺直河流进行了讨论,该假说把顺直河流的成因归结为河道比降小于某一临界比降,并通过试验塑造了顺直河流[11]。这一观点因未注意河道边界条件、来水来沙条件等因素的影响而具有很大的局限性;而 Schumm 关于顺直河流的试验也因为试验时间过短而被广泛地质疑。

Einstein[12]研究了顺直河道的环流,认为其由弯道环流和次生环流两个环流构成。Parker[13,14]曾对河岸处于冲淤平衡条件下的砂-粉砂质河床和砾质河床可动性及其自然形成的顺直河流的特性进行了研究。倪晋仁[15,16]通过试验研究认为:顺直河流是冲积河流在一定条件下或一定发展过程中暂时存在的形态,是一种难以长期稳定存在的形态;在可动边界条件下,顺直河流是不稳定的。

1.2.2　弯曲河型

弯曲河流在世界上分布很广,也得到了较为普遍的研究。早在1908年,O. Fargue根据在法国加隆河上长期的观察结果,提出了河湾的五大基本定律,长期以来一直为从事航道整治的人奉为指南。

1945年,美国学者Friedkin J. F.[17]开始比较系统地在试验室内塑造弯曲河道,但Friedkin的结果被普遍认为是深泓弯曲而非真正的弯曲河流。1963年唐日长利用在边滩上植草[18],1965年尹学良利用在水中加黏土的方法[19],都成功地塑造了弯曲型河道。他们的试验建立在一系列调查统计的基础上,认为曲流形成的重要条件是河床组成为二元结构。1971年Schumm[20]以类似尹学良的方法,通过改变河道比降,获得了顺直—弯曲—游荡河型的转变,并进而提出了地貌界限假说。

洪笑天[21]通过试验研究,进一步指出曲流形成的内在条件和外在条件:后者包括原始河谷形态、流量变幅和频率的变化、河床中泥沙运动特性及侵蚀基准面的变化等。金德生[22]建立了一个过程响应模型,认为河床的边界条件,特别是河漫滩的物质结构和组成对曲流的发育有极大的影响。Smith[23]采用了高岭土、玉米粉、岩粉等物质混合构成不同的试验沙体,在较小的试验水槽中塑造了弯曲度很大的曲流。陈立[24]通过试验研究,认为入流角是曲流形成的一个诱因。

1.2.3　游荡河型

游荡河型,国外常归为辫状河型(braided river),也是自然界较为多见的一种河型。我国黄河下游就属于典型的游荡河型,在多年来研究以黄河为代表的游荡河流中,众多学者取得引人瞩目的成就。钱宁曾对以黄河下游为代表的游荡河流进行了细致的研究,提出以游荡指标来反映游荡河型河流的摆动强度,以区别游荡型与非游荡型河流[25]。

在研究河型的水槽模型试验中,游荡河型远较弯曲河型容易塑造,Schumm[26]认为游荡(辫状)河流形成是由于比降偏大($J > J_0$),倪晋仁[15]认为水沙条件能影响游荡河型和弯曲河型的形成,洪笑天[21]认为在松散沙体中,只能形成游荡河型。

Schumm[26]和Ferguson[27]认为与弯曲、顺直河流相比,辫状河型的形成与更陡的比降、更多的来沙、更大的推移质输沙率和无黏性的河床组成有关。Ashmore[28, 29]通过试验研究和实测数据分析,认为辫状河流的形态与河流变化的推移质输沙量有关;并通过试验数据,建立了推移质产量和水力因子之间关系的泥沙输移经验公式。Warburton[30]在研究辫状河流的动力学过程中也得到类似的结论。

1.2.4　分汊河型

国外普遍不认为分汊河型是一个独立的河型,而更多地将其归结为辫状河型中的一种。鉴于我国长江中下游河段的特殊性及其演变规律的特殊,我国学者更多地将分汊河流从辫状河流中分离出来研究。

尤联元[31]、罗海超[32]认为分汊河道的形成与普遍存在局部特殊边界(节点)有关,在研究长江中下游的分汊河道时,余文畴[33]认为由来水来沙条件决定的河道水力和输移特性是该河段汊道形成的内部原因,倪晋仁[15]通过试验分析,认为对于边界组成均匀的模型小河,不可能塑造出稳定的分汊河道;比较弯曲和江心洲河段水流条件、河床形态等方面的相似性,认为江心洲河型可看作弯曲河型的一个亚类,两者主要不同体现在江心洲型河段对水沙条件变幅的要求较小、更易受局部边界影响。

1.3　河型转化

1.3.1　河流再造床

河流形态往往取决于两个过程:河流形成过程以及河流再造床过程。前者是一次性的,往往发生于河流形成之初的地质历史时期;河流再造床才是人类相关活动关注的重点,其定义为:"天然河流是一个系统,当环境或系统中某个因子发生变化时,河流将发生重新调整,以适应新的环境,建立新的平衡,这个调整过程就是河流再造床。"人类的活动尤其是大中型水利枢纽的兴建往往会改变河流系统的环境,从而引起了河流的再造床[34]。

河流再造床常见的促因有:

水库:水库的兴建是人类文明的标志之一。早在几千年前,古埃及和古巴比伦人就尝试修建简单的水库,抬高水位,用于灌溉、取水和提供水流动力。到 20 世纪初,建筑大坝几乎成了经济发展和社会进步的同义词,被视为现代化和人类控制、利用自然资源能力的象征,各国水坝建设风起云涌。水库的兴建,一方面抬高了上游水位,改变了上游河道的侵蚀基面,引起了上游河流的再造床;另一方面,改变了下泄的水沙条件,促发了下游河流的再造床。

大型引水、调水:由于水资源和水需求在空间上的不均衡,人们兴建了大量的引水、调水工程,实现了水资源的重新分配。如引水灌溉是农业发展的一个重要前提,早在两千年前我国就兴建了都江堰、郑国渠等大型引水工程,促进了当地经济生产的发展。跨流域长距离大规模的调水则是上个世纪才开始实施的新事物,如美国南加州的调水工程,主干道长达 660 英里,主干道 1973 年基本竣工,前后历时 13 年,极大地促进了以洛杉矶为中心的南加州的发展。近年来,随着我国北方水资源短缺进一步加剧,南水北调工程也加快了实施的进度。大型引水调水工程,引起了调水和受水流域的径流变化,导致了双方的再造床过程。

治河工程:为了兴修水利、防治水害,人们通过一系列的工程措施对天然河流进行人工整治,如护滩、护岸、丁坝、潜坝、人工裁弯等。甚至有的河流被人工渠化。治河工程,改变了河流原有的运动形态和规律,导致了河流的再造床。

围垦造地:宽广肥沃的河漫滩、湖泊、湿地等一直是人类生存生产的重要场所。随着人口压力的增大,人类不断向河滩、向湖泊、向湿地争地。在加剧洪水威胁和生态危害的同时,限制河流的自由发展,也促进了河流的再造床过程。

沙石开采:由于经济发展对沙石骨料的需求,大规模的沙石开采成为了国内河流的一大"景观"。无序的采沙采矿往往会破坏河势,恶化水流流态,危及航道安全。沙石开采改变了局部地形和流态,也会导致河流的再造床。

河流再造床的过程和结果,改变了河道的外观形态和演变方式,关系到该河道的水沙变迁和影响范围,影响着该河段的防洪、灌溉、航运和生态,关联着涉水工程的效益和安全。人类活动尤其是大中型水利工程的修建往往极大地改变了河流的原有形态,引发剧烈的河流再造床过程,从而带来了一系列的工程和社会问题。如:

● 非洲尼罗河修建了阿斯旺(Aswan)水库之后,虽然改善了灌溉、防洪条件,但对下游径流和泥沙过程的改变,造成下游河床冲刷、河道蜿蜒摆动、河道断流、尼罗河三角洲后退、海水入侵、海岸侵蚀等,随之带来河口湿地退化、生态环境破坏,不得不实施海岸防护工程及其他补救措施[35]。

● 德国莱茵河航道渠化后,主支流上修建了一系列堰坝截断了泥沙供应,再造床过程中床沙质来源不足,中下游航运、生态产生了一系列的问题,从而不得不花费大量金钱采用人工喂沙[36]。

● 美国密西西比河,在修建了大量水坝和整治工程之后,枯水径流的不足带来河口环境的恶化,如海岸侵蚀、湿地丧失等,每年丧失土地约 4 047 hm²。为解决这些问题,密西西比河下游不得不实施调水工程:将浑水调到三角洲,以便提供泥沙和营养物质,维持淡水草本沼泽和减少盐水入侵[37]。

● 三峡水库建库后,上下游河道演变趋势及演变过程也一直是关系该工程效益和安全的一个关键所在。变动回水区的演变规律直接决定万吨轮船能否直达重庆港;而对上游再造床过程中卵石推移质输移问题的不同认识使得部分学者甚至对三峡工程的可行性提出了质疑[38]。

● 南水北调实施之后,径流量的减少对长江流域尤其是汉江中下游和长江口河流生态的影响是我国水利工作者关注的一个热点。对调水区(长江)和受水区(海河、黄河)的河流再造床进行科学的评估,有助于工程的安全和效益。

随着国民经济的发展和对水电能源与水资源的更大需求,一系列大中型水利枢纽和调水、引水工程将陆续兴建,河流再造床影响和规律的研究也变得越来越紧迫。研究河流再造床有助于对河道的演变规律、范围和趋势进行科学的评估和预测,从而为各种水利水电工程提供决策依据;有助于保护河流的功能、促进河流的健康,从而实现人与河流的协调发展。

1.3.2　河型转化机理及判别指标研究

关于河型的成因及转化,有不同的出发点,也有不同的成果,大致有如下几类：从河道边界组成出发；从河道形态出发；从地壳运动出发；从水动力学出发；从能量耗散出发；从来水来沙条件出发。

钱宁[8]在综合前人研究成果和大量天然河流资料的基础上，对各种河型的形成条件进行了概括和总结（表 1-2）。钱宁的分析全面而准确，但更多的是从现象而非机理的角度来论述，因而难以确定问题的关键和重点。

表 1-2　不同河型的形成条件

形成条件		游荡型	分汊型	弯曲型	顺直型
边界条件	河岸组成物质	两岸由松散的颗粒组成，抗冲性较弱	两岸组成物质介于游荡型与弯曲型之间	两岸组成物质具有二元结构，有一定的抗冲性，但仍能坍塌后退	除蠕动过程中暂时形成的顺直河流外，一般两岸组成物质中黏土含量较多或植被生长茂密
	节点控制		在分汊河段的进出口常有节点控制，河流横向自由摆动范围也有一定限制		河流中有间距短促的节点控制，或两岸因构造运动影响广泛分布出露基岩
	水位顶托			汛期下游水位受顶托，有利于弯曲型河流的维持	
来沙条件	流域来沙量	床沙质来量相对较大	床沙质来量相对较小，有一定冲泻质来量	床沙质来量相对较小，但有一定冲泻质来量	
	纵向冲淤平衡	历史时期曾处于堆积状态，河流的堆积抬高有利于游荡河流的形成	纵向冲淤基本保持平衡	纵向冲淤基本保持平衡	
	年内冲淤变化	平枯水期的主槽淤积促使河流朝游荡型发展		汛期微淤，非汛期微冲	

（续表）

形成条件		游荡型	分汊型	弯曲型	顺直型
来水条件	流量变幅	流量变幅大	流量变幅和洪峰流量变差系数小	流量变幅和洪峰流量变差系数小	
	洪水涨落情况	洪水暴涨猛落	洪水起落平缓	洪水起落平缓	
河谷比降		河谷比降较陡	河谷比降较小	河谷比降较小	位于河口三角洲地区的顺直型河流比降很平。两岸有基岩出露或植被生长茂密的顺直型河流可以在各种河谷比降下发育形成
地理位置		出山谷的冲积扇上或冲积平原的上部	冲积平原的中下部	冲积平原的中、下部汛期受干流或湖泊顶托处	河口三角洲地区，两岸有基岩出露或植被生长茂密的顺直型河流可以在不同地理位置发育形成

河型转化机理的探讨中，影响较大的有"比降决定论"，如 Leopold、Schumm 等认为比降的大小是造成河型是顺直、弯曲还是分汊的主要原因。还有观点认为河道的组成决定河型，如唐日长等提出二元结构决定弯曲河型[18]。尹学良[40,41]在总结批判各家观点之外，结合大量实测资料和模型试验结果，提出了"水沙条件决定河型论"，认为，河型的形成由来水来沙的搭配关系决定。

$$Q_s = Kq^m \qquad (1-1)$$

具体河型与式中的系数 m 有关：m 值大的，大水来沙偏大而小水来沙偏小，易于淤滩刷槽而形成单股窄深蠕动性河型；m 值小的，大水来沙偏小而小水来沙偏大，易刷滩淤槽而形成多汊宽浅游荡性河型。并具体指出了 m 的临界值：当 $m > 2.5$ 时形成单股窄深蠕动河道，$m < 2.5$ 时形成多汊宽浅游荡河道。许炯心[42]也认为水沙之间的搭配关系决定河型，但许选择的是年平均输沙率和年平均流量之间的关系。

齐璞[43]认为河槽的横断面形态对河流的演变过程起了控制作用,是不同河流形成不同平面形态的必要条件。不同水沙组合虽然相差很大,但只要形成窄深河槽就可能发展成弯曲河流。张洪武[44]在多次模拟小河的试验中认为,不同的河型都是水流和河床泥沙相互作用的结果;任何可动河床周界条件下,只要水流保持相应的强度,都可能形成游荡型、分汊型及弯曲型。由此提出了可作为河型判别标准的河床综合稳定性指标 Z_w,并采用了多种模型沙,在试验室模拟了游荡性河道转化到弯曲河道的条件和形成过程。

1.3.3 河型理论分析

在天然实测资料分析以及试验研究的同时,科学家们进行了从数学和力学的纯理论角度来分析河型变化机理的尝试。关于河型成因的理论和假说有很多,主要有:地貌界限假说、能耗极值假说、稳定性理论、随机理论和河床最小活动性假说等[49]。

1.3.3.1 地貌界限假说

所谓地貌界限假说是指自然界由于地貌系统的不断发展演变,在临界条件下发生质的变化,从而引起原有地貌系统的分解并导致地貌系统在该临界条件下从原有状态向另一状态发生转化。地貌界限假说的提出,为解释自然界地貌系统由渐变到突变的一系列变化提供了指导性的方法,Schumm[6, 7]将这一方法应用于解释河型的成因及其转化时,认为给定的流量当输沙平衡时,无论对于何种边界条件,总是存在两个临界比降 J_1 和 J_2。当河谷比降小于 J_1,河型将维持单一顺直;当河谷比降大于 J_2 时,河型将由弯曲型突变为游荡分汊性辫状河流。

地貌界限假说是地理学家们由他们惯用的思考方式出发提出的一个很有启发性的观点,但这个用来解释河型的多样性的框架结构并未说明为什么河流地貌系统中会产生处于各临界坡降之间的不同河型的力学机理,这正是给水力学研究者们留下的课题。

1.3.3.2 能耗极值假说

能耗极值假说[50,51]认为,对于河流系统,作为一个个体,它的变化将通过三个侧面——横向断面因素的变化、纵向变化及平面形态的变化。河流系统通过不断调整自身形态如河宽、水深、流速等,从而也自然地调整着与此对应的河流平面形态(即河型),以使河流系统单位河长的能量耗散率达到极值。

能耗极值假说是河型解释中最常见的一种假说,有最大能耗、最小能耗和最小能耗率等多种理论。目前运用较多的是张海燕提出的最小能耗率理论,最小能耗率理论弥补了 Schumm 提出的河型分析"框架"的不足,并能部分地尝试说明在一定界限内某种河型产生的原因在于水流的 γQJ 趋于最小。

1.3.3.3　稳定性理论

由稳定性理论出发研究河型问题的方法,一般都是先假定河床上有一个小的周期性的可衰减、可增大也可稳定的扰动,结合反映床面沙波形态的阻力公式及泥沙纵向和横向输沙的连续方程求解得到扰动传播的有关参数,最后根据初始扰动有关参数随时间变化的稳定性分析或根据假定来给出相应的河流平面形态[52,53]。

综观稳定性理论在河型分析中应用的各种处理方法,稳定理论作为一种数学上较为严密、物理意义清楚的理论被用来解释各种河型成因的前景是非常广阔的,已从根本上触及了河型成因的内部原因,而且它比能耗率假说从整体上看来更加严密。

除了以上三种之外,还有随机理论和河床最小活动性假说等。这些理论和假说大多缺乏严格的理论证明,对解释问题的根源有启示和促进作用,但与实际现象有不少相悖之处,应用中受到了很多限制。

1.3.4　河型研究新方法的应用

近百年来,河型研究的主要研究方法有三种:统计和力学结合分析法、类比分析法和模型试验(主要是自然模型试验)。随着计算机技术和计算数学的高速发展,数学模型在河流动力学研究中得到了长足的发展,也得到了越来越广泛的应用。但现有河流数学模型多是对已知河流规律的模拟和实现,而河型研究更多的是探索未知规律,此时传统的数学模型往往显得无能为力。

近年来,随着计算数学的发展,河型形成与变化的数学模拟逐渐出现。如元胞自动机的应用等。元胞自动机模型方法不同于传统的数学建模方法,另辟蹊径,直接考察体系的局域交互作用,再借助于计算机模拟来再现这种作用导致的总体行为,并得到它们的组态变化。元胞自动机具有简单的构造,然而却能产生非常复杂的行为,因而非常适于对动态的复杂体系的计算机模拟,在许多实际问题中也取得了相当大的成功[54-60]。1994 年,Murray A. B.[61,62]在《自然》杂志率先提出了一个辫状河流的元胞自动机模型,较好地模拟了辫状河流的形成过程;其后 Thomas[63]在前者的基础上建立了一个改进的元胞模型,较真实地模拟了辫状河流的水流过程。

此外,Hans-Henrik Stolum[64]在 Parker[65-67]的基础上,从分形的角度,研究了弯曲河道的自组织过程,明确了蜿蜒过程即为空间和时间上规则和混乱的摆动过程;张欧阳[68]引入"空代时"假说,来描述游荡河型的造床过程,揭示了河型变化中的时空演替现象,也是河型研究中的一种新的思路。

近年来,国外学者较多地研究了区分弯曲河道和辫状河道的临界指标。1995 年,Van den Berg[45]在 Ferguson 和 Knighton 的基础上提出了河道水流潜能(potential stream power):

$$\omega = \frac{\gamma g Q s}{w} = \gamma g D v s \qquad (1-2)$$

其中 γ 是水的密度,D 是水力半径,v 是水流流速,s 是坡降,Q 是造床流量,通常为漫滩流量。ω 结合床沙组成(中值粒径)能有效地区分河道的形态,尤其是弯曲河流和辫状河流的区分。Van den Berg 的研究成果得到了广泛的引用和肯定,同时也引起了质疑。John Lewin[46]在分析 Van den Berg 研究的基础上,认为仅用河道水流潜能和床沙中径是不可能很好地区分弯曲河流和辫状河流的。双方因而在《Geomorphology》上展开了辩论[47,48]。

1.3.5　河型研究发展趋势及存在的问题

长久以来,众多学者对河型机理进行了广泛的研究,在统计和力学结合分析法、类比分析法和模型试验(主要是自然模型试验)三种方法的基础上做了大量的工作,也取得引人瞩目的进展,但由于问题的复杂性以及人们生活生产对河型研究要求的不断提高,至今存在不少问题。当前,随着河流动力学理论和计算科学的高速发展,河流分析和模拟技术取得了长足的进步,特别是河流数学模型,从无到有,已经成为了解决众多实际工程问题的有效工具。这些方法都是建立在河床演变规律的基础上,而河流再造床等基本规律认识的不足制约了整个河流动力学学科的发展,越来越成为人类认识河流、驯服河流的瓶颈[69]。

目前河型研究的问题首先仍是基本规律的认识。天然河流影响河型的因素很多,多种因素往往交织在一起,更增加了问题的复杂性。确定河型成因及转化的影响因素及影响模式,为河流演变趋势提供正确的预测依据,即认识河流"怎么动",是河型研究的一项基本任务,也是前期众多学者研究的重心所在,取得了许多突破性的进展,但在各因素的影响规律和影响权重方面,仍缺乏普遍性的认识。研究方法和手段的局限是一个重要的原因。统计和力学结合分析方法可以获得较本质的经验或理论公式,但由于天然河流影响因素过多过复杂,统计和力学结合分析方法难以获得普遍符合实际的数学模式,也缺少演变过程的分析和评估。理论和假说与河流现实更紧密的结合是河型机理研究的主要发展方向之一。河流潜能就是其中的一个重要的突破,但由于具体流量值 Q 选定的困难而引起了广泛的争议;此外其缺乏含沙量的指标而仅反映在河床组成中的做法在很多情况下是值得商榷的,尤其是以水沙变异为主要特征之一的河流再造床过程。类比分析法在定性描述上发挥着重要的作用,但河流的多样性和方法的本身特点决定了其只能在局部范围内产生影响。模型试验方法由于试验组次和研究范围的限制,虽在单个河型或个别影响因素上取得成功,但缺乏对演变方式和过程的广泛模拟,难以形成完整的体系、得出系统化的结论,还有待于进一步的研究和完善。传统的数学模型方法多是基于力学方法对已有规律描述和模拟,因而对河型这类探索未知规律的研究往往无能为力。

另一方面,人类生活和生产活动在改造河流的同时给河型研究带来了新问题,同时,由于经济、社会和工程的需要,对河型研究的要求也不断提高。河流再造床引起河型变化,已经成为了河型研究的主要内容;研究的内容已超越了不同河型之间的质变,还涉及了同一河型在变化条件下的微调,此时针对性的定性成果甚至定量成果变得尤其重要。如三峡水库兴建后下游河道的变化调整,人们不仅关心宏观的河型变化,还关心河型微调的过程与形式:如侧蚀和下蚀的发展。此时河型研究由成因及转化,进一步细化到过程与结果。

河型研究的趋势,首先是在深入挖掘现有理论和方法的基础上,引进新方法理论,促进河型变化规律的进一步认识。在此基础上,结合实际的工程问题,对河流的稳定性以及变化范围和幅度作出定量的预测。河型研究的深化,必须在适当的理论模式下,将现有河型影响因素及其作用效果进行量化,建立合理的函数关系。不仅是河流随单因素的改变而变化的量化;更有河流随多因素改变而综合变化的量化。

河型的定量化研究,是目前河型研究的趋势;近年来已有一些进展,但无论理论上还是应用上还有待于进一步研究。

河型研究的最终目的,是有效地认识河流、改造河流,使河流以适当的河型,维持其最佳的系统功能,促进河流的健康和持续发展,最终促使河流和人类协调发展。此时需要对河流系统及功能、局部及整体、因素与结果作全面科学的认识和把握。

1.4 河流弯道的形态与演变

如前所述,弯曲河流只是河型的一个部分,弯曲河流的形态与演变,从大的角度来说,应该包含在河型研究之中。从本书的角度而言,主要聚焦于弯道,且对弯道的定义有所拓展,主要是和顺直河道相对应,认为只要有弯曲河段和弯曲水流,均具有一定程度的弯曲河道特性。

从这个角度上来讲,无论是辫状河流还是分汊河流,甚至河口段、山区河流,都具有不同程度的弯道形态和性质,只是由于边界条件的不同,有的形成了稳定的弯道即前文所述的弯曲河型;有的由于边界条件稳定性较差而形成了水流弯曲但难以形成固定的弯道而表现为辫状或游荡河流;有的由于特殊的边界条件导致江心洲发育而形成分汊河型——分汊河型从某种角度看也是两个或多个弯道的叠加;甚至顺直河流,由于边滩存在,水流也有一定程度的弯曲特性。从这个角度而言,顺直、游荡和分汊等河型仅是弯道不同形态的表现——而即使是典型的弯道,自然条件下,其外观形态也在不断的演变过程中,如人工整治前的长江荆江段,弯道不断地扭曲甚至裁弯取直,河道形态的变化也是较为剧烈的。

除冲积河流外,山区河流受边界条件如河床周界的制约较大,河道形态往往受到河道性质和地质构造的双重影响,即便如此,山区河流的弯道仍显示了较明显的弯道外形和较典型的弯道水沙运动特征。

此外,潮汐河口河道主流在很多河段呈现较显著的弯曲特性,尤其从深槽形态看来(如某个水深的等深线下),河道常常为典型的弯曲形态,如长江口北港河段、北槽河段等,均呈现较明显的弯道外型。而水沙运动实测资料表明,弯曲河道的某些特征,在径流-潮流双向流的作用下也能得到一定程度的体现。

综上,传统意义上的弯道,其发育应该具有三个层次内容:(1)只要有水流弯曲,就有一定程度的弯道水流特性;(2)只要有弯道水流特性,就有一定程度的弯道泥沙运动规律和河床演变趋势;(3)有了弯道水沙特性、弯道演变特性,河流是发育成弯曲河流,还是形成辫状、分汊或游荡河流,还有待于边界条件等种种内部和外部条件。

1.5 本书的主要研究内容和思路

实测资料及机理分析是本书的重点和基础。第一篇天然河流篇,以三章的篇幅,分别论述了冲积河流(平原河流)弯道、山区河流弯道和河口弯道的水沙特性、形态及演变。

第二篇水槽模拟篇聚焦于河型变化的主要促因——河流再造床。通过基础资料分析和水槽试验研究,进行了探讨。鉴于水库的兴建是再造床最显著的促因之一,基础资料分析在第5章以丹江口水库下游汉江为例,结合其他水库下游河道的实际,对水库下游河流再造床的现象和机理进行了分析和探讨。水库下游河流再造床有一定的规律性,也普遍存在复杂响应。水沙变异和侵蚀基面的调整和下游河流不同的边界条件相结合是导致再造床复杂响应的根本原因,也是研究的重点和难点所在。

水槽试验是探索未知河流规律的有效工具。结合前人的研究成果,我们采用概化水槽对河流再造床的过程和结果开展了较广泛的试验研究。第6章集中介绍了试验的设备、方案及组次,并对试验的一些基础性工作如时效性作了较详细的介绍和探讨。第7章以不同试验条件下的模型河流发育过程为重点,揭示了河流发育过程的普遍规律、不同特点及其影响因素,着重探索了调整的方式和速度。第8章以不同结果的模型试验成果,探讨了影响河型的因素及其临界条件,并在前人的基础上总结了区分不同河型的方法和结论。第9章以时间系列和空间系列为主线,在分析总结水库下游河流再造床实际的基础上,通过水槽试验研究初步分析和探讨了河流再造床过程中的空时相似和空时演替现象。

在原型分析、水槽试验研究的基础上,本书开展了第三篇(数值模拟篇)的尝试。水系的形成和发展是河流发育的最初形态和起点,也是河流再造床在时间和空间上更大范畴内的拓展和背景。第 10 章我们建立了水系形成与发展的元胞自动机模型,分别模拟了水系形成和发展的过程。第 11 章在前人的基础上,我们建立了辫状河流的元胞模型和弯曲河流的元胞模型,并初步实现了两者之间的转化。

第一篇　天然河流篇

第 2 章

平原河流弯道形态与演变

平原河流以冲积河流为主,往往以大面积的河漫滩、较深厚的冲积层以及较平缓的水力坡度为特征。平原河流弯道发育最为充分,特征也最为显著,其演变规律是传统河床演变学的重点,研究成果汗牛充栋。本章仅对平原河流的弯道演变进行概述,着重以汉江中下游为例,论述平原河流最佳弯道的形态及演变。

2.1 平原河流的一般特征

平原河流以冲积河流为主,往往以大面积的河漫滩、较深厚的冲积层以及较平缓的水力坡度为特征。自然条件下,平原河流控制节点相对较少,河流的形态主要是水流与河床相互作用的产物,河道演变的外界影响因素较少。平原水流相对平缓,河床组成也较山区河流为细,往往以中细沙为主,悬移质多为细沙或黏土。水沙环境主要以年内变化即洪枯季变化为主,此外,因气候条件、边界条件变化等引起的年际变化往往也不可忽略。以长江中下游为例,来介绍平原河流的一般特性。

2.1.1 水沙特性

平原河流由于集水面积较大、汇流时间较长,洪水陡落的现象一般远好于山区河流。但多数情况下,洪枯季的差异依然显著,水流特性的差异也主要体现在洪枯季之间:

(1)洪枯季流量差异较大。一般说来,河流流域面积越大,支流入汇越多,洪枯季差异越小。但即便如此,作为世界屈指可数的大河之一的长江的下游,2011—2013 年长江下游大通站洪季流量仍是枯季的 6 倍以上。大通站是长江径流最下的控制站,且经过流域以三峡水库为代表的大大小小数千个水库的调节,长江近年来洪枯季流量差异进一步缩小。

(2) 洪枯季水位和流速变幅较大。在断面面积基本一致时,流量的大小,与水位的高低直接相关,并在某种程度上决定了断面流速的大小及分布。

(3) 含沙量特征与流量分布的特征基本一致,但由于水流挟沙力与流速是三次方的关系,输沙的不均衡性较流量差异更为明显。

2.1.2　河床演变特性

(1) 与山区河流相比,平原河流造床作用远大于地质构造作用,平原河床演变的变幅远较山区河流为大,变化的时间周期也远小于山区河流。如"三十年河东、三十年河西"主要指平原河流。

(2) 洪季造床作用明显。动能的公式为:

$$E_k = \frac{1}{2}mv^2 \qquad (2-1)$$

其中,m 为质量,v 为速度。洪季水流流量大,流速也大,因此动能与枯季呈三次方的关系,河床造床能力远大于枯季。

2.2　平原河流弯道的一般特性

前文所述,弯曲河道的发育应该具有三个层次:(1) 只要有水流弯曲,就有一定程度的弯道水流特性;(2) 只要有弯道水流特性,就有一定程度的弯道泥沙运动规律和河床演变趋势;(3) 有了弯道水沙特性、弯道演变特性,河流是发育成弯曲河流,还是形成辫状、分汊或游荡河流,还有待于边界条件等种种内部、外部条件。本处以平原河流为例,来分析弯曲河道的三个特性。

2.2.1　弯道的水流特性

水流形成弯曲水流后,必然有两个作用力发生:

(1) 向心力。由于水流的惯性以及为适应曲线运动的向心力需求,对水流表现为离心力,往往导致凹岸水面升高、凸岸水面降低,水面出现横比降,横断面上形成表层由凸岸流向凹岸、底层由凹岸流向凸岸的横向环流(图 2-1)。

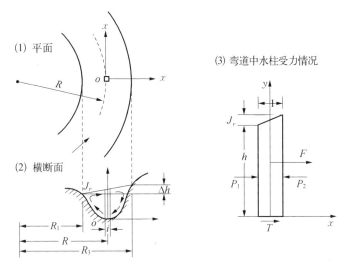

图 2 - 1　弯道水流及单位水柱受力情况(钱宁,1989)

(2) 科氏力(科里奥利力,Coriolis force)。水体在运动中要受到地球自转的影响。由于自转的存在,地球并非一个惯性系,而是一个转动参照体系,因而地球上物质的运动会受到科氏力的影响(除非沿赤道运动)。科氏力公式为:

$$F = 2mv' \times \omega \tag{2-2}$$

式中,F 为科里奥利力,m 为质点的质量,v' 为相对于转动参考系质点的运动速度(矢量),ω 为旋转体系的角速度(矢量)。科氏力并不能直接产生弯曲,却给直线运动带来了弯曲的分量,在某种程度上有利于弯曲的形成。

2.2.2　弯道的输沙特性

一般说来,河流水体含沙量与水深有关:通常表层水体含沙量最小,悬沙颗粒较细;越靠近河床底部,水体含沙量越大,悬沙颗粒相对较粗。弯道螺旋流的水流结构,有助于将表层较清的水流输向凹岸,而底层较高浓度泥沙输往凸岸。这也是弯道"凹冲凸淤"的动力根源。

2.2.3　弯道形成与演变特性

早在 1908 年,O. Fargue 根据在法国加隆河上长期的观察结果,提出了河

湾的五条基本定律,一直被奉为圭臬。主要包括:

(1)河流的深泓线迫近凹岸,凸岸则淤积形成边滩。

(2)凹岸深槽的水深和凸岸边滩的宽度,均因河湾曲率半径的减小而增大。

(3)深槽水深和边滩宽度最大的地方,与弯道曲度最大处(河湾湾顶)并不相重,而是位于后者的下游。在两个弯道之间过渡段浅滩最高点与河湾转折点之间,相应地也有一个距离上的位差。

(4)河槽的稳定性与平面外型的圆滑性,因曲度的渐次改变程度而异。曲率半径的突变会带来扰动,造成河槽形态上的不规则性,产生深潭与沙洲。这些深潭或沙洲虽经回填或疏浚,日久以后仍会再次出现。

(5)以上规律仅适用于河湾长度与河宽的比值比较适中的情况。

2.3   平原河流的合理弯道形态——以汉江中下游为例

天然河流中,弯曲河流是最常见的河型。几乎不存在超过 10 倍河宽的直河段。在自然条件下,弯道是不断发展的,因而其河床形态也在经常变化,但是在河湾的发展过程中,具有某种形态的河湾却有相对的稳定性,它和其他形态的河湾比起来具有更多的出现机会,出现以后维持的时间也较长。这种河湾不仅变化小,河床形态也比较规则,水流平顺,滩槽水位差比较小。这种弯道形态在河道整治中常常被人们用来作为整治的典范,我们称之为河道最佳弯道形态。

河道最佳弯道形态的确定至今缺少有效和通用的方法。在航道整治的工程实践中,人们往往采用寻求优良的弯道作为典型的方法,来确定河道最佳弯道形态,这种方法,可靠性往往难以保证。

结合丹江口水库下游汉江航道整治工程的实际,我们对汉江中下游最佳弯道形态的确定进行了初步的研究。

2.3.1   弯道的平面形态

单个弯道的弯曲程度是沿程变化的,但在一定的范围内常近似为圆弧形,因而可用圆弧的半径 R 来表示其弯曲的程度,这一半径称为曲率半径 R,其倒数为曲率。曲率最大的地方为弯顶,某一弯段进出口间包围的圆心角为中心角 θ。包含两个弯段和过渡段的相应点之间的直线距离称弯距或河弯跨度 L_m,相邻两反向弯顶间的横向距离为摆幅 T_m,沿河槽长度和沿河长度的比值称为曲折率(图 2 - 2)。

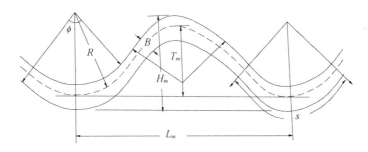

图 2 - 2　弯道基本要素

人们往往用弯曲半径、中心角、弯距等基本特征值来表示河湾的平面形态,对于稳定河湾而言,它们与直段河宽的关系一般为[1]:

$$R = (3-5)B \qquad (2-3)$$

$$L_m = (12-14)B \qquad (2-4)$$

2.3.2　最佳弯道形态研究

2.3.2.1　研究现状

河流弯曲的原因至今没有定论,Langbein 通过随机游移模式,认为河湾最可能出现的流路相当于:

$$\sum \frac{(\Delta\varphi)^2}{\Delta x} = 最小 \qquad (2-5)$$

近年来,Hans-Henrik Stolum[2] 在 G. Parker 和 E. D. Andrews 等人的研究基础上,从分形的角度,研究了弯曲河道的自组织过程。这些研究揭示了弯道发育的几何过程,但对于河流弯曲形成和发育的力学机理仍缺乏明确的结论。

通常认为,最佳弯道形态与河道尺度、流量大小有关。钱宁[1] 在统计了多条河流数据的基础上给出了 L_m 与平滩流量 $Q_{平}$ 的关系式：

$$L_m = 50Q_{平}^{1/2} \tag{2-6}$$

欧阳履泰[3]在一般的力学原理基础上认为河曲的发育和稳定与运动水体的切向惯性力 $\vec{F} = \rho Q \vec{V} \cos\theta$ 有关。并根据水流阻力曼宁公式及连续运动原理，认为曲率半径 R 由反映水流动量的流量 Q 和比降 J 决定：

$$R \propto \beta (J^{1/2}Q)^a \tag{2-7}$$

并结合部分弯曲河段的实测资料，得出了曲率半径 R 与流量、比降的经验关系式：

$$R = 48.1 (QJ^{1/2})^{0.83} \tag{2-8}$$

张笃敬[4]运用上下荆江各河湾实测资料，经过相关分析，得到荆江河湾主流线弯曲半径的经验关系式：

$$R_f = 0.26R^{0.73} (QH^{2/3}J^{1/2})^{0.23} \tag{2-9}$$

必须指出，水流动力轴线的曲率与河槽的曲率是有较大区别的。当流量为平滩流量时，可以近似认为水流动力轴线即为河槽曲率。因此我们对(2-9)作适当变形如下：

$$R_f^{0.27} = 0.26 (Q_{平} H^{2/3} J^{1/2})^{0.23} \tag{2-10}$$

(2-9)式较(2-8)式多了一个流量的函数 H，从物理意义来讲两式是比较相似的。

上述公式结构较简单，但多数是局部河段的纯经验公式，使用范围受到限制。此外，弯道是水流与河床相互作用的结果，只考虑水流动力而忽略河床条件的做法是值得商榷的。Schumm[5]统计了一些美国河流资料，认为随着河床和河岸组成物质中粉黏土含量的增大，河湾跨度有减小的趋势：

$$L_m = 1.935Q_m^{0.48}M^{-0.74} \tag{2-11}$$

其中 M 为河床和河岸组成物质中粉黏土的含量。Chitale[6]曾根据 42 条河流的实测资料，得出了如下经验公式：

$$s = 0.917 \left(\frac{B}{h}\right)^{-0.065} \left(\frac{D}{H}\right)^{-0.077} J^{-0.052} F \tag{2-12}$$

$$H_m/B = 36.3 \left(\frac{B}{h}\right)^{-0.471} \left(\frac{D}{h}\right)^{-0.050} J^{-0.453} \qquad (2-13)$$

其中 D 为床沙代表粒径。该式表明：河床组成物质越细，断面越窄深，河流也越曲折。

2.3.2.2　最佳弯道形态的推求

最佳弯道形态，从理论上讲应该包含曲率半径 R、圆心角 θ，其余参数如河弯跨度和摆幅等均可由两者推求。一个较稳定的弯道形态，圆心角不能太大，畸弯无论从河势角度还是从航道角度来讲都是不利的；过小的圆心角则不易形成平顺的曲流流态。统计国内外多条河流的弯道形态，我们认为圆心角的合理范围在 $60°\sim180°$ 之间。

最佳弯道的曲率半径首先与水流动力条件有关，这一点既可得到理论上的证明；"小水坐弯、大水趋直"，天然河流也提供了大量的实例。此时考虑动量的 $(2-9)$ 式远较 $(2-8)$ 式合理。

最佳弯道形态与河床组成物质的关系较为复杂。首先是不同的河床组成物理性质不同，难以找到确切代表其物理特性的统一指标，如许炯心[7]认为砂质河床与砾石河床在物理力学性质上表现出很大的差异，服从不同的规律：砾石河床由非黏性粗颗粒构成，故床沙的临界起动切力与床沙粒径成正比。砂质河床的情形则较复杂，在重力占优势的范围内，床沙临界切力与粒径成正比；当粒径减小到一定程度，使黏性力占优势，则床沙的临界切力与粒径成反比。

最佳弯道形态是水流条件和河床周界条件相互作用、相互协调最终达到动态平衡的特征结果。因此，可以认为对于特征水流动力条件时，河岸和水流条件之间处于一种力平衡状态，包括了切向和径向：即水流切向力(τ_1)等于河岸的抗冲性，径向水流对河岸的压力(F_1，为向心力、科氏力等水流压力之和)等于河床的稳定性。即

$$\tau_1 = \rho g H J = \theta(\rho_s - \rho)gD \qquad (2-14)$$

$$F_1 = \frac{mV^2}{R} + \partial(2m\omega V \sin\psi) = \beta\rho_s \frac{\pi}{6}D^3 \qquad (2-15)$$

其中 ∂、β、θ 为系数，与具体河道条件有关。当切向或径向力不平衡时，河湾蠕动发展，河湾外形将发生变化。根据天然河湾的变化特点，Hooke[8]建议

用河湾的折点和顶点的运动轨迹及中轴线方向的变化来区分河湾外形的变化,并归纳为下列基本类型:延伸、平移、旋转、扩大、侧向移动和复杂变化(图2-3)。由图可见,延伸和平移分别是径向和切向力不平衡的结果,其他类型均是由两种基本类型衍生。

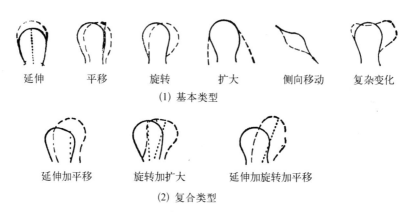

图 2-3   河湾变形的基本类型(钱宁,1989)

在公式(2-4)、(2-11)、(2-12)的基础上,结合前人成果,我们认为最佳弯道曲率半径符合:

$$R \propto \beta (JDQ^2)^a \tag{2-16}$$

其中 D 为河床组成代表粒径。它当为松散颗粒时取中值粒径,为黏土夹沙时取相当的松散沙体中值粒径。概化水槽试验是探讨河流规律的有效手段,自 Friedkin J. F. 以来,Schumm、Smith、陈立等人均进行了弯曲河流的塑造尝试[9]。(2-16)式反映的变化规律与这些水槽试验成果在定性上是一致的。只是由于水槽试验较多地着眼于反映河流曲折程度的弯曲度而普遍缺乏曲率半径的具体数值,因此要将(2-16)式进一步量化,还有待于更多的天然河流实测资料和水槽试验研究成果。

2.3.3　汉江中下游最佳弯道形态分析

2.3.3.1　最佳弯道形态的推求

我们分析了丹江口水库以下汉江中下游 31 个典型弯道(表 2-1)。这 31 个弯道可以分为如下三类:

表 2‐1　汉江中下游典型弯道概况

弯道名称	曲率半径（km）	弯顶位置（距丹江口）(km)	中心角(°)	d_{50}(mm)	备注
老河口	2.81	35	180	30	
仙人渡	3.57	54	135	30	基岩
泂流湾	4.6	74.7	100	30	基岩
襄阳	3.2	114	220	0.32	
鲍家台	3.56	127	160		
小河镇	2.85	147	135		
潞市	3.57	216	140		
皇庄	1.6	239	160	0.18	
横堤	1.85	255.3	270		畸弯
丁家桥	2.05	262	180		
姚集1	1.45	300	270		畸弯
姚集2	1.61	305.8	230		
沙洋	3.5	324	150		
蔡家嘴	1.39	336	270		畸弯
高石碑	1.2	350	315		畸弯
泽口	2.3	381	180		
新湖村	1.5	400	135		
岳口	0.8	413	180		
徐弩口	1.5	417	190		
杨家拐	1.44	422	180		
雷家厂	0.9	429	135		
彭市镇	1.45	434	180		
仙桃1	1.23	464	180	0.13	
仙桃2	1.2	466.3	180		
杜家台	1.1	469.4	180		
马口	0.6	527.5	350		歧弯
汉川1	1.2	541.5	270		歧弯

（续表）

弯道名称	曲率半径（km）	弯顶位置（距丹江口）(km)	中心角(°)	d_{50}(mm)	备注
汉川2	0.61	545.5	135	0.115	
柴林湾1	0.61	575	350		
柴林湾2	0.7	580	370		
舵落口	0.54	605	135		

（1）限制弯道。由于边界条件的限制，这种弯道往往没有发育成较规则的圆弧，顶冲点水流作用较强，主流线相对不平滑，有较明显的拐点。这类弯道一般曲率半径较大，如近坝段的仙人渡弯道、泂流湾弯道，下游的沙洋弯道等。

（2）正常弯道。这种弯道河床河岸组成一般比较均匀，因此可能形成较规则的圆弧，主流线平滑，水流平顺，中心角一般在180°左右，一般有连续数个弯道衔接。当进口和弯顶控制较好时，这类河湾稳定性较强；但控制较差时可能发育成畸弯。图2-4为仙桃附近弯道河势。

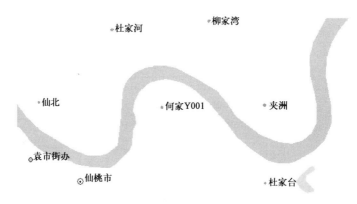

图2-4   仙桃附近弯道河势

（3）畸弯。这类弯道中心角一般在230°以上，河湾九曲回肠，对水流的宣泄和航道运输均不利。

结合汉江中下游弯道实际，引入(2-16)式，经适线得出汉江中下游最佳弯道形态的经验公式为：

$$R = 0.066\,4\,(JDQ^2)^{0.925} \tag{2-17}$$

　　该公式对于汉江中下游水利工程和航道工程中弯道形态的确定具有一定的参考价值。见图 2－5。

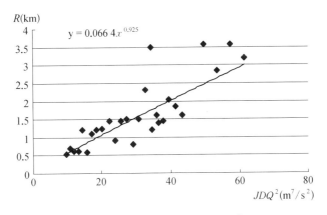

图 2－5　汉江中下游 R－JDQ^2

2.3.3.2　建库后汉江中下游的撇弯切滩初步分析

　　丹江口水库兴建之后,汉江中下游发生了频繁的撇弯切滩,如近坝段仙人渡浅滩,1968 年丹江口水库蓄水运行后发生撇弯切滩,江中形成一个大沙洲,1978 年除原来的左右两汊外,在右汊之右又形成了另一汊道,从而形成三汊两洲的格局,至今仍维持此格局;在皇庄到泽口河段总计 13 个弯道中,有 11 个先后发生了撇弯切滩。

　　谈广鸣[10]统计和调查后发现,汉江中下游的撇弯切滩有整体撇弯(切滩)和局部撇弯两种形式:整体撇弯即主流线从弯道进口段便开始向凸岸偏移,靠凸岸下行,弯曲半径变小;局部撇弯则是主流线下移,在弯道上段凹岸淤出新滩,弯曲半径减小。

　　据丘凤莲[11]的研究,丹江口水库兴建后,汉江中下游的造床流量减小;河床质普遍粗化,但襄阳以下河段变化较小。综合分析汉江中下游的多个撇弯切滩的弯道,我们发现,襄阳以上河道,河床粗化程度大于造床流量变化程度,弯道变化趋向曲率半径增大为主;襄阳以下河道,河床粗化程度小于造床流量变化程度,弯道变化趋向曲率半径减小为主。但这一规律并不显著,说明在向最佳弯道形态的发展过程中,河道具有复杂的调整过程。

2.4   结论与小结

本章在对平原河流基本特性以及平原弯道特征及演变进行概述的基础上,着重以汉江中下游为例,研究和探讨了平原河流最佳弯道的形态及演变。研究表明:

(1)在平原河流,最佳弯道不仅变化小,河床形态也比较规则,水流平顺,滩槽水位差比较小,是航道整治的典范。

(2)在前人研究的基础上,认为河道最佳弯道形态不仅与水流条件有关,也取决于河床周界条件包括河岸组成粒径和沙黏土组成。建立了河道最佳弯道形态曲率半径的表达式。

(3)结合汉江中下游弯道实际,得出汉江中下游最佳弯道形态的经验公式,该公式对于汉江中下游水利工程和航道工程中弯道形态的确定具有一定的参考价值。

(4)对丹江口水库兴建后汉江下游的撇弯切滩现象进行了初步的分析,认为变化的水流条件是产生撇弯切滩现象的一个重要原因,撇弯切滩的实质是河道向最佳弯道形态复杂调整的过程。

山区河流弯道形态与演变

山区河流主要指流经山区、地形复杂、缺乏河床冲积层的河流。山区河流河道形态的形成既与地壳的构造运动密切相关,也受到水流长期、持续性侵蚀作用的影响。本章主要对山区河流的基本特点、弯道特性及演变进行初步的分析和介绍。有关山区河流的特点及演变,可以参阅有关专著[1,2]。

3.1　山区河流的基本特点

山区河流在我国分布较广。相对平原河流,山区河流流经的山区地质地貌条件更为复杂,河流形态也更多种多样,如峡谷、伏流、地下河等,多出现在山区河流。山区河流地质稳定性也相对较差,除洪涝灾害外,泥石流、溪口滩、堰塞湖等都有可能发生灾害,也可能对河道形态及演变产生影响。本章仅以赣江的二级支流泸水河为例,结合其他山区河流,对山区河流的特性进行简要的综述。泸水河位于江西中西部,发源于武功山,全长约 120 km,其中严田以上约 40 km 主要流经武功山山区,为典型的山区河流,其中部分河段因水库的兴建已经渠化;严田以下约 80 km 流经丘陵地带,也具有一定山区河流的特性。

通常山区河流主要特点包括:

(1) 河床组成,以较粗的砾、卵石甚至基岩为主。如泸水河上游河床组成主要为基岩和卵石,局部环流区有砾石和粗砂。

(2) 水力坡度较大,水流湍急;且由于山区河流河道形态不规则,常有回流、横流、泡漩、剪刀水等情况出现,流态复杂。

(3) 流量极不均匀,年内、年际变化极大,洪枯季差异明显。据安福县水文调查资料,泸水河社上水库河段历史最大流量约为最小流量的 5 000 倍。

(4) 造床以洪水造床为主,枯季水流很小,基本不参与造床。

除以上特点外,与冲积河流相比,山区河流还有三个突出的特点:

(1) 山区河流河演的周期较长。前文已述,冲积河流造床作用显著,所以有"三十年河东、三十年河西"的说法。山区河流形态主要取决于地质变化,时间是一个漫长的地质过程;河流的造床作用主要在局部,河道形态发生变化的难度大、周期长。

(2) 山区河流造床作用最强。山区河流河演周期长并不表明山区河流造床作用较弱,而是恰恰相反。由于历史上大洪水的较强的造床作用,河床质中较细的成分已基本冲刷殆尽,普遍形成了鱼鳞状排列、抗冲性极强的河床底质,所遗的河床形态只有在大洪水或特大洪水下才可能发生较大的变化。

(3) 在大坡度情况下,山区河流往往发育成"阶梯-深潭"形态(Step pool)。

大坡度($s > 3\% \sim 5\%$)山区河流的河床常由一段陡坡和一段缓坡加上深潭相间连接而成,在河道纵向呈现一系列阶梯状。这种典型河床微地貌形态被国外地学界和水利学界称为 Step pool,即"阶梯-深潭"[3](图 3-1,3-2)。山区河流"阶梯-深潭"系统能有效耗散水流能量,控制河床下切,保持河道稳定,并能维持良好的河流环境和生态,因而对于大坡度山区河流的健康稳定有十分重要的意义。自 20 世纪 80 年代以来,国外对"阶梯-深潭"这一河床地貌现象开展了大量研究[5-7]。

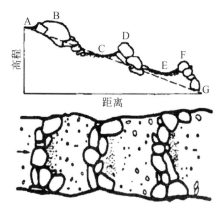

图 3-1 典型"阶梯-深潭"结构示意图(余国安,2011)

图 3 - 2　山区河流的"阶梯-深潭"形态

3.2　山区河流弯道的形态与演变

3.2.1　山区河流弯道形成主要取决于地质构造

（1）地质构造决定了水系格局和河流走向。

山区河流弯道不仅取决于弯道自身演变,更多地取决于地质构造条件,形成的弯道形态也较冲积河流有所不同。以金沙江下游为例,金沙江下游往往有大规模的直角转折,且支流往往呈南北向流动,垂直入江(图 3 - 3)。据沈玉昌[8]研究成果,其主要原因为:金沙江下游河段分别属于两个大的地质构造单元,康滇台背斜和昆明陷落。这两个构造单元的主要构造线方向为南北向。从水洛河口到鹤滩附近,金沙江大致呈一"U"型,底部位于康滇台背斜,西边从水洛河到金江街接近 200 公里的南北向河道恰好位于康滇台背斜和横断山断褶皱带两个构造单元交界处的大断层内,而东边从老河口到白鹤滩的 120 公里的河道则恰好位于康滇台背斜和昆明陷落两大构造单元之间的断裂带上。因此金沙江下游有多个沿断裂带的直角转折。

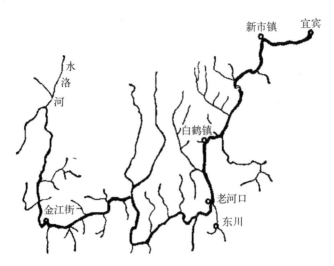

图3-3 金沙江下游水系图(沈玉昌,1965)

地质构造对水系格局和河流走向的影响尤其以山脉、平地平行时最为显著。如云南大理著名的苍山十八溪,从苍山上发育了18条平行且规模形态相近的溪流。

(2) 地质构造和岩性决定了河道的平面外形。

冲积河流河漫滩可动性较强,因此在河流和河床的相互作用、相互影响下最终形成了河道的平面外形。而山区河道,地质构造和岩性决定了河道的平面外形。在坚硬的岩层或背斜地区河道狭窄,往往发育成峡谷,河道水面较窄,坡陡流急;在抗冲性较差或向斜地区,往往发育成宽谷或盆地,河面相对较宽,水流相对平缓,并可能形成卵砾石为主的河漫滩,并可能发育较典型的弯道形态,如著名的云南石鼓“长江第一湾”(图3-4)。

3.2.2 山区河流弯道具有弯道典型的水沙运动特征,并发挥自己的作用

由于山区河流河床稳定性较高,发育的弯道也较为稳定,弯道水流特征较为突出和显著,如长江葛洲坝上游的南津关弯道段,横向环流非常显著,有经验的船工行船甚至都可以察觉。

此外,山区河流弯道的演变有其自身的特点,突出表现在:

(1) 在急弯的凹岸,必定发育有深潭;无数著名的深潭都主要发生在急弯

图 3-4 云南石鼓"长江第一湾"

的凹岸,受水流的顶冲及环流等作用,形成水深较深的深潭。

(2)在水域稍开阔的凸岸,将形成凸岸河漫滩,且河床组成分层明显,从凹岸深槽到凸岸边滩,河床质平面分选、细化趋势显著。如作者2009年枯季在江西泸水河潭州弯道调研,从凹岸深槽到凸岸边滩,河床质分别为大卵石(位于河中,中径大于5 cm)、小卵石(位于枯水位凸岸水边线,中径1~5 cm),进入凸岸岸滩,则主要为砾石(中径<1 cm)以及粗砂(中径约0.2~0.4 cm),更远处的河漫滩则出现了较细泥沙(中径约0.1~0.2 cm)。图3-4所示的"长江第一湾"河床质分布也有类似的规律。

3.3 结论与小结

本章在前人研究的基础上,对山区河流的基本特点、弯道特性及演变进行了初步的分析和介绍。研究表明,尽管山区河流弯道受地质构造、地形影响显著,但山区河流弯道仍具有弯道典型的水沙运动特征,并在河道演变过程中发挥作用。

第 4 章

河口弯道形态及演变

河口区域由于径流-潮流双向流以及波浪、盐淡水的作用,演变更为复杂。潮汐河口弯道形态及演变有其独特的特点。

4.1 河口弯道的定义

严格意义上看,潮汐河口河道平面上一般从上游往口外沿呈放宽的态势,

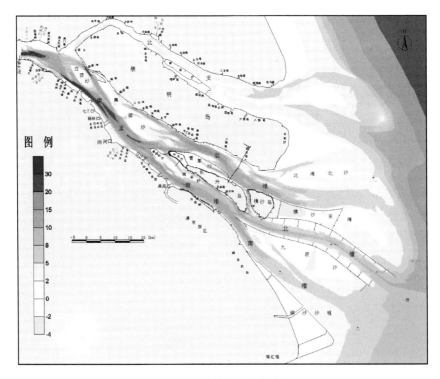

图 4-1 长江口河势图

形态上很难采用传统意义上的河型划分(如顺直、弯曲、分汊、游荡四种河型划分),更难直接定义为弯曲河流;但另一方面,河口河道主流在很多河段呈现较显著的弯曲特性,尤其从深槽形态看来(如某个水深的等深线下),河道常常为典型的弯曲形态,如长江口北港河段、北槽河段等(图 4 - 1),均呈现较明显的弯道外形。

由于河口区域水域较为宽广,节点和边界控制也较少,往往比内河更有可能通过塑造合理弯道的方式来实现最佳治理目标,而河口泥沙问题的复杂性(如较严重的河口拦门沙问题等)也更需要通过塑造较好的弯道等方式来营造良好的水沙环境,实现最佳整治效果。

4.2 河口区水流泥沙特点

相对于内河,潮汐河口水流动力条件更为复杂。除径流外,潮流、波浪、风暴潮、盐淡水等均会引起动力条件的变化,其中涨落潮双向往复流是潮汐河口复杂动力条件中作用时间最长、影响最持续的主要因素,主要体现为涨落潮流初涨、涨急、涨憩、初落、落急、落憩的周期性流量和流向的变化。本处仅对河口区部分水沙特点进行概述,更详细内容可参见有关专著[1-5]。

4.2.1 潮汐潮流

潮汐系指海水周期性潮涨潮落现象。潮汐的产生是海水受日、月引力的作用和重力的影响的结果,由于地球和日、月位置的周期性变化,潮汐也具有周期性变化。对于河口区域,潮汐的影响主要表现为涨落潮流的产生以及相应的潮位变化。

不同河口、同一河口的不同位置潮汐作用能力不一,但一般说来,河口潮汐潮流有如下特点:

(1)潮流是造床的重要力量。河口地区,潮流作用一般远大于径流的作用,如长江口拦门沙区域,潮流量往往是径流量的数倍甚至数十倍,潮流是造床的主要力量。

(2)潮流具有定常性。由于河口潮汐影响的因素较为固定,因此潮汐可以通过一定的数学方法进行推算,目前采用较多的是潮汐调和分析法,具体为:1)把实测潮位记录中的各分潮(如太阴分潮系、太阳分潮系等)分离出来,再进行调和分析。2) 求出每一分潮的振幅和位相角,再经天文因素订正后,即得该分潮的调和常数。用潮汐调和分析可推算一定时期的潮汐变化和分析该区的潮汐性质。

4.2.2　盐度与絮凝

河口区域位于江、海的盐淡水交汇区域。盐水的存在不仅会改变水流的密度、黏滞性和水流结构,还往往因不同垂线含盐度的不同而导致水体含盐度的分层甚至出现上层为淡水、下层为盐水的"盐水楔"现象。而涨落潮流的周期性变化更使得盐水范围和盐水楔形态、范围发生周期性的变化。

此外,由于河口普遍由细颗粒泥沙组成,在盐度的作用下,容易发生絮凝。絮凝也是河口特有的现象之一。

4.2.3　河口最大浑浊带和河口拦门沙

河口最大浑浊带(Tur-bidity Maximum Zone,简称 TM)是指河口区含沙浓度经常明显地高于上游及下游、且在一定范围内有规律地迁移的高含沙水域;其断面平均含沙量稳定地高于上、下游河段几倍甚至几十倍,而且底部含沙量也显著增高,床面往往出现浮泥。河口最大浑浊带现象在世界很多河口都有发现。在河口沉积过程中,最大浑浊带对细颗粒泥沙的聚集与输移,对河槽、浅滩及拦门沙的发育演变起着十分重要的作用,如黄胜等(1993)[2]认为最大浑浊带是形成河口拦门沙的重要原因;在河口地球化学过程中,最大浑浊带对许多重金属元素及有机物的化学行为、迁移、沉降产生显著的影响,主要表现在河口最大浑浊带重金属元素富集和有机物的吸附、解吸;在河口生物学研究中,由于泥沙对营养盐、有机物、重金属以及水体透光性的改变,影响河口初级生产力,并导致河口浮游植物、浮游动物、底栖生物种类和数量的改变,往往表现为浮游生物种类少,优势种组成单一,生产力较低。研究河口最大浑浊带对于河势控制、湿地保护、水资源利用和水环境保护、渔业资源的开发利用均具有重要意义。其中航道开发与维护是河口最大浑浊带区域的一个热点问题。

在河口最大浑浊带区域普遍发育有水深小于上下游的沙坎,即"拦门沙"现象。河口拦门沙治理难度大,而河口区往往经济社会发达、航道需求迫切,因此拦门沙航道的开发与维护成为全世界涉水工程的一项重要工作内容,如美国密西西比河口、荷兰莱茵河口和我国的长江口等,均有较大规模、较长时期的拦门沙航道治理历程。

4.3　河口弯道特性研究

4.3.1　河口弯道的一般特性

受复杂动力条件的影响,潮汐河口弯道既有与内河弯曲河道相同的水沙运动特征,如弯道环流、横向输沙等;又具有不同的水沙运动和局部演变特征。

4.3.1.1　双向往复流下的水流运动

冲积河流和山区河流,水流主要表现为单向运动,水沙运动的差异主要表现在洪枯季之间,与流量密切相关。而潮汐河口河流涨落潮双向往复流包括初涨、涨急、涨憩、初落、落急、落憩不同周期性特征时刻,流量上有从憩流到涨落急的变化过程,流向上更出现了180°的变化,即上下游关系发生转化。这一流量流向的变化特点,使得河口弯道水沙运动更为复杂。

对于内河弯道,由于水流惯性力的作用,有"小水坐弯、大水趋直"的说法。即流量较小时,惯性力较小,主流线受地形约束较大,水动力轴线弯曲度较小;流量较大时,惯性力较大,主流线受地形约束较小,水动力轴线弯曲度较大,主要趋于直线。

对于潮汐河口弯道,在一个潮周期内,涨落潮流变幅从 0 到涨落急,水动力轴线的变化在趋势上应较内河更为明显。而事实上,由于边滩的阻力小、主槽的阻力大,潮汐河口河道还普遍存在边滩先涨先落、主槽后涨后落现象,经常出现边滩已经涨潮、主槽还在落潮等情况,水流条件更为复杂。

4.3.1.2　双向往复流下的泥沙运动和弯道演变

从横向而言,双向往复流下弯道的凹凸岸形势并未发生改变,因此河口弯道横向环流、弯道输沙以及弯道"凹冲凸淤"的发展趋势与内河弯道在原理上应为一致的。

但从纵向变化看来,内河弯道凸岸为迎流面冲刷、背流面淤积,整体除横向变化外,纵向还有向下蠕动的趋势。而潮汐河口弯道凸岸迎流面和背流面是变动的,河床冲淤部位分布、泥沙粒径区域分布特征乃至弯道的纵向变化规律也有所变化。

4.3.2　河口弯道的演变实例——以长江口北槽河段为例

长江口北槽河道位于长江口南港下段,九段沙和横沙岛及横沙东滩之间,河道全长约 60 公里。自 1983 年开始,北槽即为长江入海的主航道,自 1998 年 1 月长江口深水航道治理工程实施以来,北槽更是得到了较为全面的人工控制,当前北槽河道两侧有整治建筑物(南北导堤及丁坝合计 169 公里),中间为宽 350～400 米、深 12.5 米的深水航道。北槽整体呈微弯河道,转弯点在 W3 附近(图 4-1)。

经过长江口深水航道治理工程一至三期工程的艰苦建设,北槽形成了上下贯通、平面呈现微弯、覆盖航槽的深槽;长江口 12.5 米深水航道已经贯通,但当前北槽航道回淤量依然较大,且回淤量空间上集中于中段即转弯段。据统计,仅转弯段约 10 公里范围,回淤量长期占全槽的 50% 以上[6]。

在北槽航道整治及维护过程中,开展了大量的水文、地形观测。主要包括:

(1)固定垂线测验。为单点的水文测验。测验内容包括垂线流速流向(六点法)、含沙量、含盐度等。

(2)ADCP 流速测验。通过 ADCP 流速仪测验断面流速流向,部分经标定后还可施测含沙量的断面分布。

(3)坐底架观测。可测量水体流速剖面过程,近底三维点流速过程,包括水流紊动特性、近底悬浮泥沙浓度、盐度和温度变化过程以及河床床面变化等。测验仪器包括:1MHz 声学多普勒流速剖面仪、2MHz Nortek Aquadopp 声学多普勒流速剖面仪、Nortek Vector 三维点式流速仪、OBS-3A 浊度仪系统等(图 4-2)。

(4)越堤水流观测。主要使用小阔龙以及 OBS-3A 浊度仪施测导堤越堤水流流速流向以及含沙量等。

(5)河床底质采样。包括疏浚土物质取样、固定垂线采样以及沉积物钻孔取样等。

(6)河床地形测量等。包括 1∶60 000 的河势监测(约每 3 个月一次)和 1∶5 000 的航道监测(测量范围为航道及两侧边坡,每年不少于 30 次)。

图 4-2　坐底架观测系统仪器布置及三脚架野外释放

4.3.2.1　长江口北槽弯道段水流特征分析

（1）水流流速垂向分布

通常认为，二维流中，最大流速位于水面；在三维流中，因水流受河岸的影响较大，最大流速往往不在水流，而位于稍低于水面的位置[2]。北槽河道宽深比较大（超过 1：300），水流二维性相对较强。但实测资料表明，北槽流速垂线分布不均衡，最大流速集中在水面以下（0～0.4 H），甚至在 0.6 H（图 4-3）。初涨时还往往发生表底层流向分异现象，即底层水流已经涨潮，而表层水流依然为落潮（图 4-4），形成"垂向环流"，由于涨落潮方向为平行航槽的纵向，可称为"纵向垂向环流"。

（2）水流流速平面分布

图 4-5(1)至(6)分别为北槽转弯段初涨、涨急、涨憩、初落、落急、落憩六个时刻的 ADCP 断面瞬时流速流向分布图。由图可见：

1）边滩先涨先落，主槽后涨后落；初涨初落时边滩流速大于主槽流速，涨急落急时主槽流速大于边滩流速。

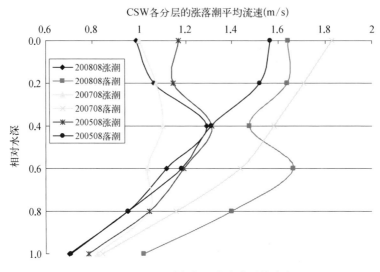

图 4 - 3 CSW 测点潮平均流速垂线分布

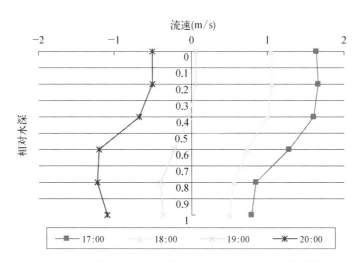

图 4 - 4 CSW 测点瞬时流速垂线分布(2011 年 8 月,负值为涨潮流)

2)涨落急主流线存在分异。由于惯性力作用,涨落潮主流越过转弯点后均有保持直线运动的趋势,故主流偏北;因此带来拐弯段上段落潮主流居中而涨潮主流偏北,下段涨潮主流居中而落潮主流偏北,从潮汐河口演变的一般规律看来,涨落急主流线的分异有利于泥沙落淤。

3)转流时水流流态最为散乱,往往出现较为明显的平面环流,如图 4 - 5
(3)南边滩已经开始落潮,北边滩还在涨,平面上形成了一个穿越航道的逆时

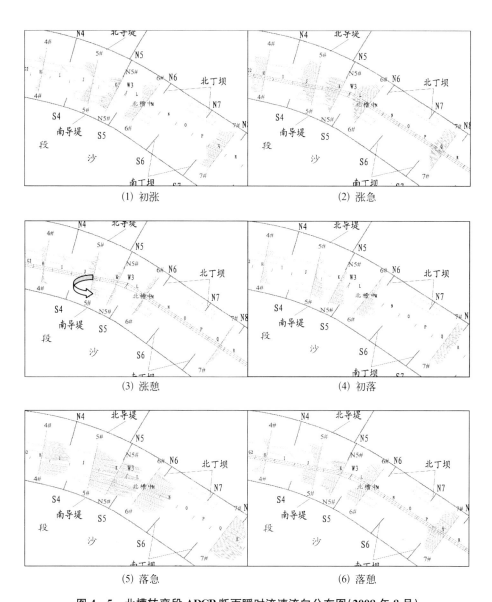

(1) 初涨　　(2) 涨急

(3) 涨憩　　(4) 初落

(5) 落急　　(6) 落憩

图 4-5 北槽转弯段 ADCP 断面瞬时流速流向分布图(2008 年 8 月)

针环流,即"平面环流"。图 4-5(4)初落阶段则表现为位于上下顺直段的 4♯和 7♯断面南北水流基本对称,而弯道段南北存在较大的流速差。

(3) 横向水流及越堤水流

长江口深水航道治理工程中南北导堤的作用是"导流、挡沙、减淤",堤顶高程+2 m,而涨潮流高程往往超过 3.5 m,存在较大的越堤水流。其中北导堤自横沙五期工程完成,N23 潜堤以西段已经不存在越堤水流;但南导堤和北导堤东段越堤水流仍普遍存在,其中南导堤进入北槽水流流量远大于越堤出北槽水流流量,北导堤下段越堤出北槽水流流量远大于进入北槽流量(图 4-6),给拐弯段提供了大量的横向水流来源。据上海河口海岸科学研究中心 2011 年 4 月通量观测成果,大潮、中潮期南导堤越堤潮量分别为北槽上口进入北槽潮量的 4.0 倍和 1.7 倍。

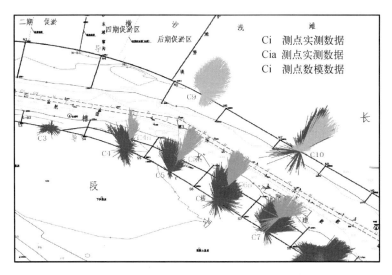

图 4-6   越堤水流玫瑰图(2011 年 8—9 月)

北槽局部水流通量结果表明,北槽航道沿线存在较大的横向水流,2011 年 8 月横向水流在量级上已不亚于纵向水流(表 4-1)。由于该局部水流通量是由一个约 1 km×1.5 km 的方形区域测得(位于拐弯点以下 8 km 的主槽区),考虑到北槽横向水流的长度远大于纵向水流的宽度,总横向水流占纵向水流的比重还可能更大。

表 4-1   北槽局部水流通量测验横纵向水流通量对比(2011 年 8 月)

潮 型	纵向水体运动量 (万 m³)	横向水体运动量 (万 m³)	纵、横向 输水强度比
小 潮	164 281	35 252	4.66
中 潮	213 906	44 980	4.76
大 潮	309 771	62 310	4.97

上海河口海岸科学研究中心通过在航道临近布置坐底观测系统还测验到底部有指向航道的横向水流[7]，华东师范大学何青等也有类似的发现，该底部横向水流与表层流向不一致甚至相反，且方向垂直航槽，形成"横向垂线环流"。该"横向垂线环流"与内河河道的弯道环流具有一定的相似性。

4.3.2.2 长江口北槽弯道段河床演变特征分析

北槽为宽浅河道，深泓位于人工开挖的航槽，受人工开挖的影响，从河槽地形上看，即使在转弯段，内河弯道常见的深槽多居于凹岸的形态特征并不显著。图 4-7、图 4-8 分别为北槽转弯段弯顶及弯顶下游断面地形变化，由图可见 2006—2008 年的变化以及 2010—2012 年略有凹岸冲刷、凸岸淤积的典型弯曲河道变化规律，如果扣除人工挖槽部分（图中虚线所示），仍可以看出深槽居于凹岸的轮廓。由于其间长江口深水航道治理二期、三期工程均有丁坝建设（建设期分别为 2002—2004 年和 2009 年），虽南北丁坝同时建设可消除部分丁坝的影响，该"凹冲凸淤"趋势仍可能受该因素的干扰。

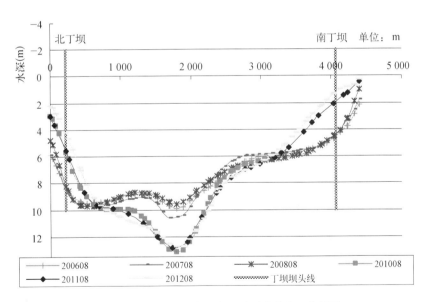

图 4-7 北槽转弯段弯顶断面地形变化（N5#断面，
位置见图 4-5，地形采用 Surfer 内插）

长江口北港下段自横沙岛北端起 5m 深槽呈现为典型的微弯河道。第一个弯在横沙岛北侧到长江口航道 N23 潜堤之间，凹岸位于南侧；第二个弯在

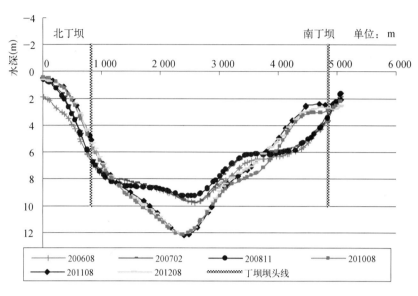

图 4 - 8   北槽转弯段弯顶下游断面地形变化(6♯断面,
位置见图 4 - 5,地形采用 Surfer 内插)

N23 潜堤以下,凸岸位于南侧。2002—2011 年的地形冲淤表现了相对更明显的"凹冲凸淤"现象(图 4 - 9)。由于该河段自横沙东滩串沟封堵后处于自然的演变状态,该微弯河段"凹冲凸淤"现象具有一定的可信度。

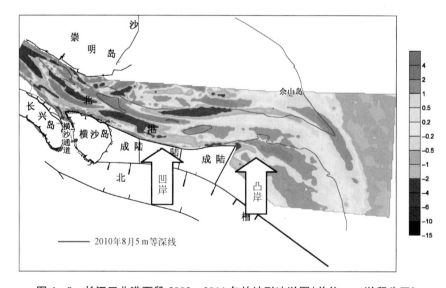

图 4 - 9   长江口北港下段 2002—2011 年的地形冲淤图(单位: m,淤积为正)

但总体而言,长江口弯道"凹冲凸淤"、曲率逐渐加大的趋势并不明显,而主要取决于洲滩变化产生的流路和地形变化。如 20 世纪 50 年代到 80 年代,横沙东滩串沟的变化引起了北槽弯道形态的变化,南槽上口江亚南槽的变化引起南槽弯道的变化,等等。

4.3.2.3　长江口北槽弯道段水沙特性与航道回淤关系初步分析

受复杂动力条件以及因宽深比大而引起二维性较强的影响,潮汐河口弯道的水沙运动和局部演变特征与内河弯道不尽相同。而对于北槽弯道段,除上下断面的纵向水流外,还有南北导堤越堤流形成的横向水流,加之人类工程的影响,弯道特有的水沙运动特征如弯道环流、"凹冲凸淤"等规律并不突出。

但从水沙运动和地形变化实测资料分析,弯道段的存在对航道回淤确为不利因素,主要表现在:

(1) 弯道段必然导致涨落潮主流线的分异。主要受惯性力的影响。

(2) "纵向环流"、"平面环流"和"横向环流"三大环流的存在,使得弯道段水流条件更为紊乱的同时,加大了滩槽泥沙交换,使得航道回淤量增大。

(3) "凹冲凸淤"淤积特征加剧了航道南北侧的淤积差,凸岸侧淤积较大。

引入河口弯道概念来研究水沙运动和河床演变特征是一种新的尝试。研究结果表明,北槽弯道仍呈现了一定程度弯道水流特征和演变特征,北槽中部航槽的弯道形态可能对航道回淤起一定的促进作用。但由于河口弯道本身是"伪弯道"——仅仅深槽部分呈现弯道形态,加之河槽二维性突出,多种因素干扰,北槽弯道呈现的弯道水流特征和"凹冲凸淤"等演变特征仅是实测资料表现出来的一种现象。到底该现象是河口弯道水沙运动应有的特征,还是由于导堤越堤水流以及丁坝等人工建筑物的影响,尚难以从实测资料进行直接区分和明确。

4.4　河口弯道的应用实例——北港航道治理规划方案研究

长江口北港水道形成已久,1860—1927 年,北港水道水深江阔,是上海港通海的主航道。20 世纪八九十年代,在长江口深水航道治理工程论证的选槽过程中,北港就以其优越的水沙条件、良好的水深条件和较短的拦门沙浅段与北槽一起被列入长江口深水航道的备选通道。由于北港上段的南北港分流口未经控制以及水道远离上海国际航运中心等劣势,深水航道的通道最终选择在北槽。

当前北港水道未设标通航。2010 年 8 月,交通运输部正式批复了《长江口航道发展规划》。该规划确定了长江口航道"一主"(长江口主航道)、"两辅"(北港航道和南槽航道)、"一支"(北支航道)的航道体系布局。明确了长江口航道的发展目标是"争取利用 10~20 年的时间,建成以长江口主航道为主体,北港、南槽和北支等航道共同组成安全畅通、保障有力的现代化长江口航道体系"。其中,北港航道是长江口航道的重要组成部分,也是今后长江口航道发展的重点之一,规划目标为 10 米水深航道。

北港航道的开发是一个系统工程,需要综合考虑经济、技术、生态等多个因素。本处仅就开发技术方案以及发展前景,进行初步的探讨。

4.4.1　长江口北港水道河床演变概述

1954 年长江全流域发生百年一遇的大洪水后,北港成为排洪泄沙的长江入海主汊,除少数年份外,北港分流、分沙比及净输出的流量和沙量均达到南北港总量的 50%~60%,是长江口四条入海通道(北支、北港、南槽和北槽)中流量和沙量最大的一条。

历史上,北港河槽形态曾在单一与复式之间发生过多次交替变化,总体河势不如南港稳定。受北港上口通道变化的影响,进入北港的主流轴线发生变化及局部底沙下移,导致北港河槽经历了由"U"型单一河槽演变成复式河槽再单一的交替变化过程。

北港当前河势是随着 20 世纪 80 年代新桥通道的形成而逐渐形成的。新桥通道是南支分流进入北港的主通道,南支在扁担沙上的横向越滩流汇入新桥水道,新桥通道和新桥水道交汇后在堡镇附近形成北港主槽,并延伸至横沙岛。北港中段河段目前由北港主槽、青草沙、堡镇沙以及堡镇沙涨潮沟四个地貌单元构成。其中堡镇附近河道断面形态为"U"型,以下逐渐过渡为"W"型。

南支落潮水流从七丫口附近白茆沙南北水道汇流后靠南岸下泄,自浏河口附近部分水流"南压北挑"通过新桥通道进入北港。新桥通道的落潮水流直冲堡镇岸段,深泓线向北弯曲,因此形成堡镇弯道,弯顶在堡镇附近,深水逼岸。19 世纪 80 年代,中央沙北水道衰亡和新桥通道形成发展的初期,崇明堡镇边滩沙嘴形成并加速下移,沙嘴被水流切割形成六溆沙脊,堡镇弯道弯顶水流深水逼岸形态有所改变,六溆沙脊北侧形成了涨潮槽,北港弯道从单一河槽改变成复式河槽。由于六溆沙脊形成和发展,堡镇向下 10 m 等深线南移,主流直指长兴岛尾并切割青草沙尾。至此,北港中段就形成了一个完整的弯道:从南北港分汊口新桥通道向东偏北,堡镇附近为弯道的凹岸,堡镇向下游主槽向东南直逼横沙北岸。

由北港中上段 1997—2010 年 10 m 等深线变化图(图 4 - 10)可见,近年来,北港中上段河势有如下特点:

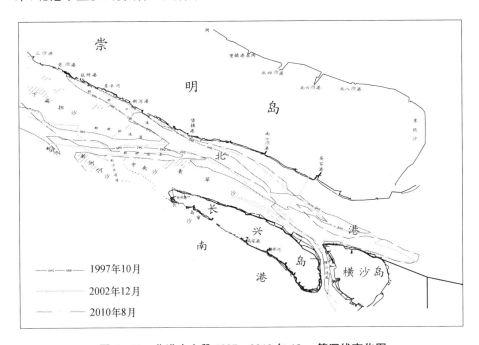

图 4 - 10 北港中上段 1997—2010 年 10 m 等深线变化图

(1)北港上段受南北港分汊口河势变化剧烈的影响,新桥通道在维持上下贯通、具有一定宽度的 10 m 深槽的同时,位置不断下移。近年来,随着青草沙水库的兴建,新桥通道的下移趋势得到了控制,通道水深条件有进一步改善的趋势。

(2)主体位于崇明岛和长兴岛之间的北港中段 10 余年来维持上下贯通、具有一定宽度的 10 m 深槽,2002 年以后滩槽及深泓位置较为稳定,水深良好,10 m 槽宽度在 1 km 以上,是较为稳定的优良河槽。随着中央沙圈围、青草沙水库工程的建设,北港中段南边界将进一步稳定,河势、深槽的优良状态有望进一步维持。

北港过横沙岛后进入拦门沙河段,为北港的入海段。从历史资料看,该河段水深与南北港的分流比的分配以及南北港之间流量的交换有关。北港分流比大,拦门沙河段河道较深,反之则浅。北港分流南港,拦门沙河道水深就浅;北港不分流,拦门沙河道水深则深。如 1913 年横沙东滩串沟发展,北港落潮水流部分从北港拦门沙河段进入南港下段入海,导致北港拦门沙滩顶水深不足 5.2 m;1973 年横沙东滩串沟发展,北港拦门沙河段部分流量进入南港北槽下段入海,导致北港拦门沙滩顶水深不足 5.4 m。

近期,北港拦门沙河段总体上比较顺直,南侧有横沙东滩,北侧发育有北港北沙,5 m 深槽呈现向外海逐渐展宽、向东南方弯曲的趋势(图 4 - 11)。2010 年 8 月,北港拦门沙深泓最浅水深约 5.3 m,水深小于 6 m 的浅区约 18 km,小于 5.5 m 的浅区约 2 km。

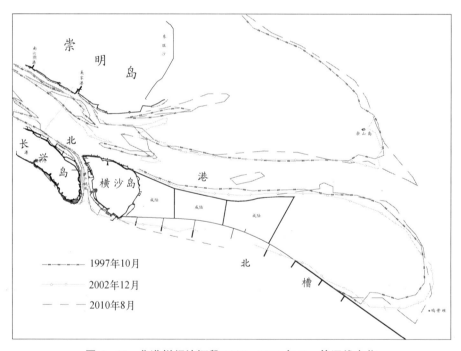

图 4‑11　北港拦门沙河段 1997—2010 年 5 m 等深线变化

图 4‑12 为 1997—2010 年北港航道最小水深图。由图可见,20 世纪 90 年代以来,仅从自然条件而言,除局部浅点外,北港水道中上段可利用自然水

深开通 10 m 航道,8 m 以浅的拦门沙浅段长约 40 km,航道最小水深在 5.3~6 m 之间。

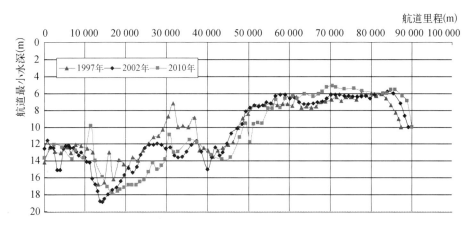

图 4 - 12　1997—2010 年北港航道最小水深图

(本图中航道为根据充分利用自然水深原则布设的虚拟航道,根据年份的不同航道位置有所调整。)

4.4.2　北港航道开发技术方案研究

在当前河势、地形条件下,通过设标及局部疏浚、扫浅,北港即可利用自然水深开通 5.5 m 水深航道。

对于规划的北港 10 m 水深航道,根据北港上、中、下段不同的河势特征,有关部门提出了北港航道开发治理思路,并研究了航道治理技术方案[8,9]。

4.4.2.1　治理思路

(1) 上段:扁担沙守护

在南北港分流口工程的基础上,通过扁担沙守护,守护沙体,限制越滩水流的发展,进一步稳定北港进口段河势,稳定并改善新桥通道航道条件。

(2) 中段:堡镇沙守护

在青草沙水库工程的基础上,守护堡镇沙,进一步稳定北港中段的良好河势。

(3) 下段:拦门沙治理

通过工程措施,改善拦门沙水沙条件,打通拦门沙碍航浅滩。

4.4.2.2　技术方案

在河势分析的基础上,结合已有研究成果,并参照长江口深水航道治理工程、新浏河沙护滩工程等工程的整治经验,有关部门提出了北港航道治理工程的整体技术方案。

(1)上段:扁担沙守护工程

在《长江口综合整治开发规划》中南沙头通道护底工程、上下扁担沙右缘固定工程基础上,根据地形条件的变化提出了新的扁担沙守护工程方案。在上、下扁担沙布置潜堤共 47 km(顶高上扁担沙+1.5~+2 m,南门通道潜堤−2.0 m,吴淞基面,下同),以守护扁担沙,进一步稳定北港进口段河势,稳定并改善新桥通道航道条件。

(2)中段:堡镇沙守护工程

沿堡镇沙滩脊线布置护滩潜堤约 17 km,顶高+2 m,守护堡镇沙,进一步稳定北港中段河势。

(3)下段:北港拦门沙治理工程

经比选论证,提出了双导堤加丁坝的治理方案。

北港拦门沙整治推荐方案为:在北港北沙促淤堤的基础上增加整治工程:(1)添加北港北沙与崇明岛东南角的限流潜堤工程(顶高−2 m)。(2)北港拦门沙河段布置双导堤(顶高+2 m),南导堤西接横沙东滩圈围北边线,北导堤西接北港北沙促淤南潜堤工程,均平行−5 m 等深线往东延伸,往外海延伸至−10 m 等深线。

数学模型研究成果[9]表明,北港航道治理工程实施后,北港河势将进一步稳定,北港中上段流速略有减小,北港拦门沙区域水流由旋转流转变为较为典型的往复流。与本底相比,北港拦门沙上段涨急流速减小 0.1 m/s,落急流速减小 0.12 m/s;但中下段流速涨急流速增加 0.03~0.08 m/s,落急增加 0.08~0.14 m/s,表明工程实施对于北港拦门沙区域目前水深较浅的中下段航道有显著的改善作用。北港航道改善良好且负面影响较小,辅以一定的基建性疏浚工程当能达到航道规划目标。必须指出,该方案是潮流数学模型的计算结果,并没有深入考虑弯道环流引起的水沙变化,后续工程的深入研究过程中,应重点分析这一问题。

北港航道整治方案见图 4−13。

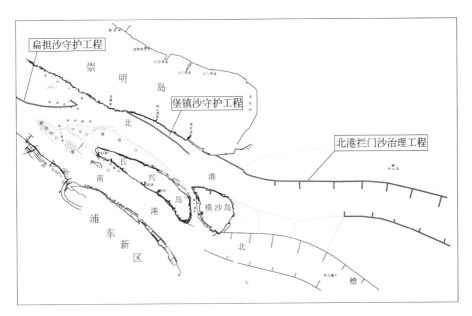

图 4‑13 北港航道整治方案平面布置图

4.4.3 北港航道开发前景展望

北港航道的开发主要受制于两个瓶颈:进口段南北港分流口河势变化频繁;下段拦门沙碍航。"十一五"期间,新浏河沙护滩工程和中央沙圈围、青草沙水库工程先后建设完成,南北港分流口河势得到了有效的控制,北港进口条件大为稳定,上中段的河势条件和航道条件较为优良,除局部浅点外,航槽自然水深可达到 10 m。

长江口四条入海通道中,北港流量最大,拦门沙浅段最短。而随着横沙东滩圈围工程的不断深入,拦门沙段的南边界也在一定程度上得到了控制,北港拦门沙治理具备了良好的条件。

随着经济社会的发展和长江黄金水道开发的深入,通过长江口的货运量不断增长。2009 年已达到 7.61 亿吨,预计到 2020 年和 2030 年将分别达到 12.5 亿吨和 15 亿吨。北港航道的开发,不仅可以减小南港航道的通航压力,解决航道通过能力不满足船舶流量增长需要的矛盾,还可缩短南北港分流口以上港口来往北方沿海港口船舶的运距,增加航运的经济效益,为南北港分流口以上沿江港口提供一条新的安全、便捷的通道。北港航道开发还有利于促进崇明、横沙等沿岸的港口码头建设和岸线资源开发,为上海港国际航运中心增加深水岸线资源,仅横沙岛北侧即可新增深水岸线 57 km(其中已成陆或已规划圈围区域共 33 km),将极大地缓解上海港深水岸线资源不足的矛盾。

4.5   结论与小结

本章较系统地介绍了河口弯道的定义、水沙运动及演变特征。并结合北槽弯道实测资料,对河口弯道的水沙特性进行了分析。研究成果表明:

(1)从水沙运动和地形变化实测资料分析,弯道段的存在对航道回淤确为不利因素,主要表现在:1)弯道段必然导致涨落潮主流线的分异。主要受惯性力的影响。2)"纵向环流"、"平面环流"和"横向环流"三大环流的存在,使得弯道段水流条件更为紊乱的同时,加大了滩槽泥沙交换,使得航道回淤量增大。3)"凹冲凸淤"淤积特征加剧了航道南北侧的淤积差,凸岸侧淤积较大。

(2)在河床演变的基础上研究并提出了北港航道治理方案,该方案航道治理效果良好且负面影响较小,辅以一定的基建性疏浚工程当能达到航道规划目标。这是潮流数学模型的计算结果。由于该方案并没有深入考虑弯道环流引起的水沙变化,后续工程的深入研究过程中,应重点分析这一问题。

第二篇　水槽模拟篇

第 5 章

水库下游河流再造床的现象和机理

天然河流由于种种原因会发生河流再造床过程,而人类活动使得这一过程变得更加频繁和剧烈。以水库为代表的水利工程的兴建,从根本上打破了河流原有的动态平衡,引起了河流的重新调整。随着近两个世纪以来全世界范围众多水库的兴建,水库下游河流已经成为了河流再造床现象的主体。水库的兴建,大规模地改变了上下游的河流条件,将天然河道的再造床时间由漫长的地质时间缩短为地貌时间,并引起了一系列的防洪、灌溉、取水、航运等方面的工程实际问题。研究水库下游的河流再造床,不仅具有普遍的理论意义,也有现实的工程价值。本章以丹江口水库下游汉江为例,结合部分典型的水库下游河道,概述了水库下游河流再造床的现象和机理。

5.1 概述

水库的兴建是人类文明的标志之一。早在几千年前,古埃及人和古巴比伦人就尝试修建简单的水库,抬高水位,用于灌溉、取水和提供水流动力。工业时代以后,特别是发明电以后,水电作为一种清洁和可循环使用的能源得到了广泛的重视和普遍的开发,利用水力发电造福人类,更是成为人类现代文明进步的象征。到 20 世纪初,建筑大型水电站几乎成了经济发展和社会进步的同义词。由于建坝被视为现代化和人类控制、利用自然资源能力的象征,各国水坝建设风起云涌。到 20 世纪 70 年代达到顶峰时,全世界几乎每天都有两三座新建的水坝交付使用。至今为止,世界上大约五分之一的电力供应来自水电,世界上有 24 个国家的水电比重超过 90%,至少有三分之一的国家的电力供应以水电为主。有 75 个国家主要依靠水坝来控制洪水,全世界约有近40% 的农田依靠水坝提供灌溉。在 1973 年到 1996 年之间,发展中国家水电比重从原来占全球产量的 29% 增长到 50%。不容置疑,水坝建设、水力发电已经成为当今人类社会文明的重要组成部分。上个世纪是水库大坝的世纪,仅我国就修建水库 20 000 余座,既有广泛的成就,也有教训。

水库的兴建,破坏了原有河流的动态平衡,引起了上游和下游河流的再造床。对于水库上游,再造床的主要促因是水库壅水抬高了河流的侵蚀基准点,改变了河流的边界条件;水沙条件的变化,是导致水库下游河流再造床的主要原因。兴建水库的主要目的是改变和控制河道的径流过程,因此不可避免地引起下游河道水流条件的变化;同时由于水库的拦蓄作用,下泄水流含沙量减少,下游河道的泥沙条件也随之改变。水库下游尤其是常年蓄水水库下游的河流再造床过程中往往伴有剧烈的河床演变,典型河段甚至会出现明显的河型转化,给流域防洪、航运、灌溉、取水以及生态等带来一系列的问题。

随着社会经济的发展和人们对自然界的更深认识和重视,维持生态河流、恢复河流的健康,实现人和自然的和谐发展,渐渐成为了水力学家和生态学家应该考虑的一个问题。伴随着科技的进步和人类认识水平的提高,人们开始用现代的眼光来重新审视很多大型水利工程的建设和运行,并逐渐发现一些水库带来的致命缺点。从高成本的非正常运行,到对环境和生态系统的影响;从对一些河流的不合理的截断造成的泥沙淤积、对鱼类及生物多样性的影响,到土地、历史文物淹没、忽视库区移民正当利益的现象等等;总之,随着人们对自然、生态系统的关注,全球环境意识的急剧增长,人们对水利工程的建设提出了更高的要求和考验[1],水库的效益和安全也不再因为其重大的工程价值得到充分的肯定,而逐渐开始在生态、非工程的角度下被重新审视[2],相应对河流再造床的过程和结果的研究也有了更高的要求。

水库按调节性能可分为日调节、周调节、年调节和多年调节水库,库容分别能将一天、一周、一年和多年径流重新分配,抽丰补歉。按不同的水沙调度方式可以分为蓄清排浑水库和蓄浑排清水库。水库大小和调度方式不同,下泄水沙条件变化的程度也不同。

丹江口水利枢纽是以防洪为主,发电、灌溉、航运、养殖等为辅的综合利用的大型水库工程,位于长江最长的支流——汉江中游,下距河道出口武汉市652 km,控制流域面积 9.52 万 km²,占汉江总流域面积的 59.87%。总水库总库容 209.7×10⁸ m³,有效库容 98×10⁸～102×10⁸ m³,是典型的多年调节水库。丹江口水利枢纽工程于 1958 年 9 月 1 日动工,1959 年 12 月 26 日截流开始滞洪,1967 年 11 月 18 日开始关闸蓄水运用。丹江口水库的兴建,改变了下泄水沙过程,洪峰被削减调平,枯水流量加大,中水流量持续时间增加,年内和年际流量变幅减小。水库蓄水运用初期,拦沙率达 98%,基本为清水下泄,引起下游河道即汉江中下游含沙量、输沙量的减少。为适应新的水沙条件,下游河道也发生了一系列的调整变化,开始了河流的再造床过程[3]。图 5-1 是汉江中游河势图。

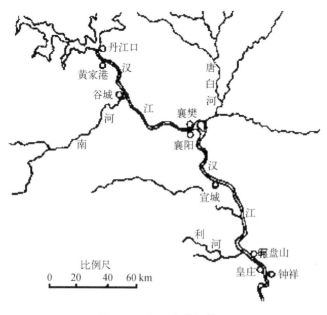

图 5-1　汉江中游河势图

丹江口水库下游汉江的河流再造床主要过程发生在 20 世纪 60—80 年代,河床有了剧烈的调整,下游甚至出现了明显的河型转化。该河段的河床演变剧烈,除了对河段本身的研究具有较强的研究价值之外,研究对于类似河段尤其是三峡建库后的荆江河段具有较重要的参考价值。同时丹江口水库还是正在兴建中的另一特大型水利工程——南水北调中线工程的水源地,南水北调工程近期规划从丹江口水库调水 145 亿 m^3,远期通过补偿后调水 300 亿 m^3,为此,丹江口水库大坝将进一步加高,增加可调节库容 116 亿 m^3。南水北调工程的实施,将使丹江口水库下泄水沙条件进一步改变,航道、防洪、生态也面临着新的考验。此时,对水沙变异条件下近坝河段的河床演变进行科学的分析和预测,对维持河流的功能、保障航道的畅通均具有重要的意义。丹江口水库建库后汉江中下游的演变过程,前人已经做了大量的研究[4-10],也有较丰富的实测资料。有鉴于此,本章以丹江口水库下游汉江为例,结合国内外部分典型河流的实际,来研究和探讨水库下游河道的再造床机理。

5.2 水库下游再造床的促因:水沙条件的变化、河道比降的调整

根据河流动力学理论,决定河流形态的因素主要有三个:来水来沙条件、河床周界条件以及侵蚀基准面[11]。水库的兴建,改变了下游河道的水沙条件,引起了河道比降的变化,是河流再造床的原因和动力。水库类型、调节方式不同,相应下游水沙条件变化的程度也不同。

5.2.1 来水条件变化

兴建水库的根本目的之一就是改变天然河流的径流过程,使之更好地为人类服务。由于水库具有较大的调蓄能力,通常水库兴建后下游来水过程的变化主要有如下特点:洪峰被削减调平;枯水流量有所增加;中水流量的持续时间延长;年内和年际的流量变幅变小。

(1)洪峰流量变化

以汉江中下游为例,丹江口水库建库前10年(1951—1960年),黄家港的年最大流量有9年超过10 000 m³/s,年最大流量的均值高达20 507 m³/s;蓄水后29年(1968—1996年),只有5年下泄最大流量超过10 000 m³/s,其余24年都在10 000 m³/s以下。水库削峰作用是显著的,如1974年9月入库洪峰流量达27 600 m³/s,经调蓄削峰后,下泄流量仅3 650 m³/s。水库对洪峰的削减,对于降低下游河道防洪压力、减少洪灾损失具有重大的意义。

三峡工程兴建的一个重要目的就是巨大的防洪效益。三峡工程正常蓄水位175米时,有防洪库容221.5亿 m³,防洪效益及其连带的环境效益十分显著。可使荆江河段防洪标准从"十年一遇"提高到"百年一遇";当遭遇"千年一遇"或类似1870年特大洪水,枝城洪峰流量达110 000 m³/s时,经三峡水库调蓄后,枝城流量可不超过71 700~77 000 m³/s,配合运用荆江分洪工程和其他分蓄洪区,可控制沙市水位不超过45m,可使荆江南北两岸、洞庭湖区和江汉平原避免发生毁灭性灾害[12]。

（2）流量分配变化

表 5-1 为丹江口建库前后黄家港站的月平均流量表。由表可见：洪水期（7—9 月）建库前占全年总水量的 55.6%，蓄水后减为 28.7%；枯水期（1—3 月及 12 月）的水量，建库前占年总水量的 10.2%，建库后增为 22.9%，即前者减少约 1/2，后者增加 1 倍多。水量年内分配的均匀化程度大为增加。建库前的月平均水量，最大与最小相差近 12 倍，而建库后只有 3 倍左右。

表 5-1　丹江口建库前后黄家港站的月平均流量表

	月　　份	1	2	3	4	5	6	7	8	9	10	11	12
建库前	平均流量(m^3/s)	279	321	569	986	1 190	1 200	3 550	3 140	1 900	1 290	657	435
	年内分配(%)	1.9	1.8	3.7	6.2	7.7	7.8	23.1	20.5	12.0	8.4	4.1	2.8
蓄水后	平均流量(m^3/s)	760	706	703	909	1 350	1 110	1 240	1 100	1 540	211	1 080	947
	年内分配(%)	5.7	4.8	5.3	6.6	10.1	8.1	9.3	8.2	11.2	15.8	7.8	7.1

水库对径流的调节普遍能够削减洪峰，增大枯水流量。这对防洪、灌溉和航运的改善是显而易见的。但有时也会带来问题，如阿斯旺（Aswan）水库兴建之前，尼罗河每年洪水泛滥，给两岸带了富含多种有机质的泥沙，形成了土地肥沃的尼罗河谷，水库兴建之后洪水不再泛滥，尼罗河谷土地肥力有退化的趋势[13]。

（3）径流过程脉动变化

从统计学观点看，来流量是具有随机性的，来水过程可以看作流量的脉动现象。图 5-2 是丹江口建库前后黄家港站累计径流过程图，从图中可以明显地看出流量数值的脉动特性。而以 1960 年为界，建库前径流量过程线波动较大，脉动幅度大，建库后流量过程线则均匀得多。

（4）离势系数 C_v 变化

离势系数 C_v 反映了系列中各变量值集中或分散的程度，即系列的均匀程度。当离势系数较大时，变量的离散程度高；当离势系数较小时，变量的离散程度低。离势系数计算式为[13]：

$$C_V = \sqrt{\frac{\sum \left[\left(\frac{X_i}{\overline{X}} \right) - 1 \right]^2}{N}}$$

(5-1)

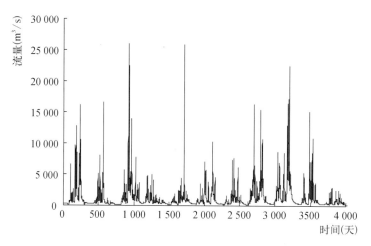

图 5 - 2　1956—1966 年黄家港站累计径流过程变化图

其中 X_i 和 $\overline{X}$ 分别为变量和均值,对于径流过程离势系数两者分别为日平均流量和年平均流量。

图 5 - 3 为沙洋站年径流过程离势系数随时间变化图。由图可见,沙洋站建库前、滞洪期到建库后流量离势系数呈明显的下降趋势。建库前流量离势系数变化范围为 0.864~1.581,均值为 1.297;滞洪期变化范围为 0.733~1.71,均值为 1.11;建库后平均值为 0.767,呈现出明显的顺次降低规律。

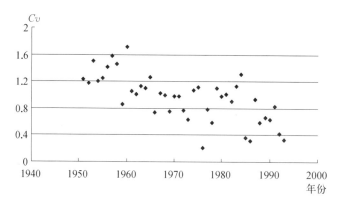

图 5 - 3　沙洋站年径流过程离势系数随时间变化图

建库前后下游河道的来水条件变化说明:水库的调度使得年内流量过程均匀化。来流量变差系数的大大减小使得年际流量过程规律化,在一定程度上有利于河道的稳定。

5.2.2　来沙条件变化

由于水库蓄水抬升了水位,大量泥沙淤积在库内,使得下泄水流含沙量大为减少。尤其是采用蓄浑排清方式运用的水库,拦截泥沙的比例最高达 90% 以上,如丹江口水库除汛期外,基本为清水下泄。下泄水流含沙量减少,水流挟沙力不饱和,必将导致河床冲刷等河道调整。水库兴建后来沙条件的改变是下游河道河床演变的一个主要原因。

建库之后,下游河道的含沙量会显著降低。钱宁[14]统计了官厅水库自 1956 年蓄水之后下游河道含沙量的变化,得出永定河下游的含沙量减少到不到建库前的 1/10;三门峡水库初期蓄水运用时,下游河道含沙量也有了大幅度的减少[15, 16]。

统计国内多座水库下游河道含沙量的变化可知,含沙量的变化程度与水库的运行方式有关,蓄浑排清方式运用的变化量远大于蓄清排浑方式运用的水库的变化量,如三门峡水库不同运用方式时下游河道含沙量的变化就非常典型,蓄浑排清运用时下泄水流含沙量大量减少,下游河道普遍被冲刷;蓄清排浑时含沙量变化较小,是库容得以长久保持的重要原因之一。库容越大、调蓄能力越强的水库,下游河道含沙量一般变化也越大。丹江口水库就是这样一个调蓄能力较大的年调节水库,水库兴建之后下泄水流含沙量几乎为零,坝下 6 km 的黄家港站多年平均含量仅 0.03 kg/m³。图 5-4 为黄家港和襄阳站多年平均含沙量变化图。由图可见,随着水库的兴建,水库下游含沙量急剧减少。由于沿程河床冲刷提供泥沙补给,襄阳站含沙量大于黄家港站,随着建库

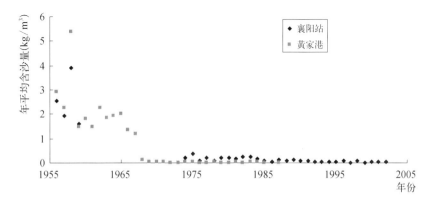

图 5-4　汉江近坝段悬移质含沙量历年变化图

时间的推移,河床粗化基本完成,襄阳站和黄家港站的含沙量差距不断减小。

与含沙量变化同步的是悬沙粒径的变化。由于水库下游悬沙主要来源于河床冲刷或者泥沙的交换,与建库前相比,悬沙中径有普遍增大的趋势;随着时间的推移、河床粗化的深化和下移,悬沙中径进一步增大。图 5-5 为丹江口建库后皇庄站悬沙中径变化情况。

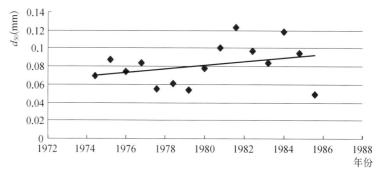

图 5-5   建库后皇庄站悬沙中径变化

从纵向上看,由于水库下游近坝段悬沙粗化更为明显,悬沙呈现沿程细化的趋势(图 5-6)。

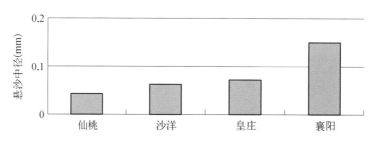

图 5-6   丹江口坝下仙桃—襄阳悬沙中径变化

水库对推移质的拦截与水库的运行方式关系较小,几乎所有的水库推移质都得到了大幅度的削减。如葛洲坝虽然为库容较小的径流式水库,对悬沙含量的影响较小,但建库 10 年,累计淤积达 1.28 亿 m³,拦蓄了上游输移的大部分推移质泥沙[17]。

大中型水库,尤其是丹江口水库这样调蓄能力较大的水库兴建之后,下游河道的泥沙主要来源变成了沿程冲刷和支流汇入。对于水库下游近坝河道,由于水库的拦蓄、清水的下泄,河道不断冲刷和粗化,随着时间的推移、河床组成的不断粗化以及悬沙的减少,推移质产生和输移成为了影响和决定河床演变的主要因素,也是关系到该河段一切涉水工程的安全和效益的核心所在,此时推移质的研究变得尤其重要[18]。

水库下游河道特殊的来沙条件,是河流再造床中必须考虑的一个重要因素。

5.2.3　河道比降的调整

河流再造床过程中的一个重要的特征就是比降的调整。一方面,水库下游比降调整是水沙变异引起的河流演变的结果;另一方面,比降的调整反过来影响河流进一步的演变。河道比降的调整包括河谷比降和水面比降两方面的调整。

水库兴建之后,由于河床的冲刷,河谷比降有调平的趋势。统计了丹江口坝下黄家港—襄阳多年平均河道比降变化(表 5 - 2),发现比降有先减小后增大的趋势,这与黄家港和襄阳河段的冲刷过程是分不开的。

由表 5 - 2 可知,滞洪期(1960—1968 年)水面比降的调平主要发生在黄家港—光化河段,光化以下河段水面比降变化较小,部分河段甚至略有增加。1968 年以后,光化以上河段水面比降调平幅度变小,光化以下河段水面比降调平变幅增大。1987 年以后,太平店以上河段水面比降基本稳定不变,以下河道水面比降仍在微量调平中,这与河谷纵剖面的变化规律是一致的。

表 5 - 2　丹襄河段 1960—2002 年水面比降变化表　　(单位：‰)

河　　段	年份	400 m³/s	2 000 m³/s	5 000 m³/s	10 000 m³/s
黄家港—光化	1960	0.329	0.315	0.35	0.351
	1968	0.265	0.261	0.282	
	1978	0.242	0.254	0.277	0.307
	1987	0.238	0.249	0.275	0.297
光化—太平店	1960	0.317	0.320	0.327	0.334
	1968	0.343	0.321	0.308	
	1978	0.302	0.320	0.314	0.313
	1987	0.298	0.324	0.319	0.320
太平店—茨河	1960	0.234	0.207	0.178	0.165
	1968	0.167	0.202	0.233	
	1978	0.233	0.195	0.215	0.230
	1987	0.219	0.194	0.220	0.24

（续表）

河　段	年份	400 m³/s	2 000 m³/s	5 000 m³/s	10 000 m³/s
茨河—襄阳	1960	0.240	0.260	0.255	0.253
	1968	0.266	0.260	0.254	
	1978	0.256	0.248	0.239	0.218
	1987	0.254	0.247	0.245	0.230

　　S. A. Schumm 认为,比降是河型中最活跃的因素。并在试验的基础上提出了地貌功理论,认为比降是不同河型的临界条件[18]。在水库下游河流再造床过程中,比降的变化不及水沙条件的变化,其在造床过程中更多地充当结果而非成因的角色。

5.3　水库下游河流再造床的过程和结果

　　水库的兴建,改变了下游河流的来水来沙条件,引起下游河流的再造床过程,鉴于其重要的理论价值和工程价值,得到了广泛的研究和普遍的重视。经过众多原型分析和试验研究,水库下游河流再造床的现象、结果及其促因的研究有了长足的发展,也解决了不少实际工程问题。水库下游河流再造床的过程和结果就是河流对来沙减少和来水过程调平的反馈过程和结果(图 5 - 7)。

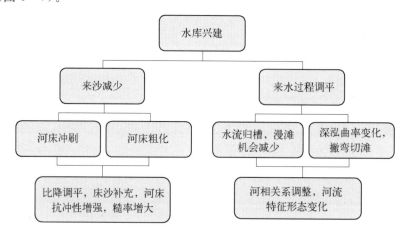

图 5 - 7　水库下游河流再造床促因与反馈略图

水库下游河流再造床现象具有共同性的同时,由于天然河流影响因素多,具有各自的河流特性,反馈的结果并不完全一致。规律常常湮没在干扰之中,有时甚至存在复杂响应现象:对同一变源的不同反馈方式,制约了规律的进一步认识和有效、科学的决策支持,还有待于进一步研究。

5.3.1　河床冲刷

水库下泄水流含沙量远小于水流挟沙力,首先带来的是河床的冲刷和粗化。

5.3.1.1　下蚀和侧蚀

河道冲刷包括河底侵蚀和河岸侵蚀,从下切和展宽两个方向使河床发生变形,即下蚀和侧蚀。河床不同的冲刷方式对河道的安全和稳定影响较大,如河床大幅度的侧蚀将分散水流、侵蚀岸滩、危及堤防安全;过度的下蚀将淘刷河岸、加剧局部比降、改变和恶化局部流态。从整体河势上看,通常以下蚀为主时,河道宽深比增大,有利于河道的稳定;当以侧蚀为主,河道横向展宽,宽深比减小,河道稳定性减弱,同时侧蚀往往侵蚀河滩,危及河岸和堤防安全。

图 5-8 为丹江口水库兴建后黄家港和襄阳河道横断面变化。由图可见,不同的河床边界条件河道冲刷的形式不同。如黄家港河床冲刷包括了展宽和下切两个方面,而襄阳断面由于人工护岸等因素,河道展宽受到限制,河床冲刷以下切为主,侧蚀较少。

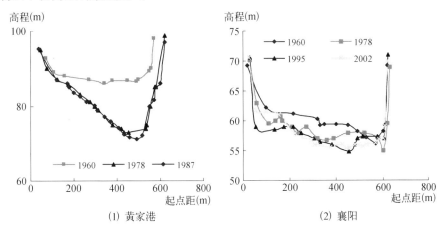

(1) 黄家港　　　　　　　　　(2) 襄阳

图 5-8　丹江口水库兴建后黄家港和襄阳河道横断面变化

许炯心[19]根据试验和观测数据发现：建库初期水沙条件变化导致河床冲刷粗化和比降调整，河道以下切为主，有向单一窄深蜿蜒发展的趋势，但随着河床冲刷粗化和比降调整，河岸相对于河床的抗冲性减弱，河道又有展宽和曲率减小的趋势。这一规律得自于沙质河床为主的汉江中下游，对于不同河床组成、不同来水来沙条件的其他河流是否通用，还有待于进一步研究。

5.3.1.2　水位流量关系变化

河床冲刷的另一个结果就是平滩线下过水面积增大，导致水位流量关系的相应变化。从黄家港和襄阳水文站历年流量水位关系图（图5-9）中可以看出，自丹江口水库开始滞洪以来，两站已有明显的变化，同流量下水位的普遍下降表明两站处的河床发生下切，产生明显的冲刷。其中黄家港站在1960—1968年间河床下切比较严重，1968—1978年河床仍在下切，但下切强度变缓，1978年后水位变幅很小，说明河床下切已基本完成，河床已基本稳定；襄阳站在1958—1978年间河床下切比较严重，1978—2002年河床仍在下切，但下切强度变缓，河床至今仍在调整之中。

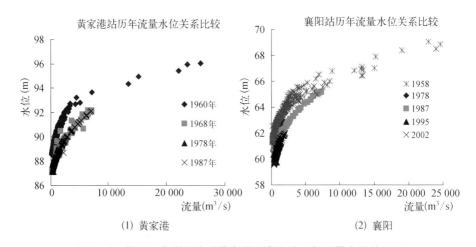

图5-9　丹江口水库兴建后黄家港和襄阳站历年流量水位关系图

5.3.1.3　纵剖面调整

由于水库兴建后下泄水流含沙量减少、水流挟沙力过剩，河道将通过多种方式来消耗能量，其中比降的调平是主要的方式之一。水库兴建之后，在全河道范围内,比降调平的趋势较为明显,其中水库上游是因侵蚀基准面抬高引起调平,对于下游河流主要是由于河床冲刷的程度不同而引起的。由于河床冲刷的方式和程度不同,虽然整体上比降调平的趋势明显,但局部河段的比降也有保持不变甚至加剧的,这一点主要取决于河段不同地点下切深度的差异。

部分早期的地貌工作者把比降放在一个突出的位置,甚至认为比降是河流调整的唯一因素。他们认为,水库兴建后,如果来水来沙条件没有改变,水库上游河流将恢复原来的比降,即河流以坝前淤积面为枢纽点,整个河床平行上抬;对于水库下游,如果水库下泄一直为清水,则下游河道将很快调整到河床泥沙刚处于起动状态的临界比降(J_c),然后通过溯源冲刷的形式,使整个河道平行下切。现在持这种观点的人已经不多,因为河流除了比降之外,还可以通过其他因素进行调整[20];但对纵剖面的调整的预测,人们还缺乏有效的理论和工具。埃及尼罗河上阿斯旺水坝修建以后,大坝下游河段实际上观察到的下切深度仅为 0.7 m,比不同的研究者所预报的数值(2.0～8.5 m)都要小得多[21]。三峡工程蓄水后,下游河道得到了冲刷,但目前冲刷幅度并不显著[22]。随着蓄水的深入和时间的推移,是否会按照预测的方式和程度冲刷,是否会给下游河势、防洪、航运带来影响,还有待于进一步关注。

水库兴建后引起的河道冲刷是河流再造床过程中的一个难点和关键问题,还有待于进一步的研究。

5.3.2　河床粗化

水库的清水下泄,水流挟沙力过大,必将导致河床不断冲刷粗化,对河势带来不利影响,如欧洲的莱茵河,因河床组成较均匀,清水冲刷下抗冲覆盖层难以形成,为避免河道不断冲深等不利后果,德国水利工程师们不得不采用人工喂沙等措施补充河道的床沙质[23]。

随着时间的推移,将产生两种结果:形成抗冲覆盖层;或者不形成抗冲覆盖层,河道溯源冲刷直至水力坡度变小,水流能量减小从而挟沙力减小。河床粗化的结果不仅与来沙条件相关,也取决于河床组成条件。如钱宁[20]根据河床组成的不同将粗化现象细分为三类:(1)下伏卵石层:河床急剧粗化,粗化后河床与粗化前河床有不同的来源,绝无类同之处;(2)卵石夹沙:沙子冲刷而卵石聚集,形成抗冲覆盖层;(3)细沙河流:冲刷过程中细沙比粗沙带走更多不同类型的河床组成,日久河床仍会出现粗化。

不同河床组成,粗化现象差异较大。如前文提及的埃及尼罗河上阿斯旺水坝修建以后,大坝下游河段实际上观察到的下切深度仅为 0.7 m,比不同的研究者所预报的数值(2.0~8.5 m)都要小得多。Schumm[24]等认为这与河床以下埋藏着不连续的卵石层有关。

丹江口水库下游汉江多为卵石夹沙河床,随着清水的不断下泄,河床不断冲刷下切,水面比降下降的同时河床组成粗化,近坝河段形成了以卵石为主的抗冲覆盖层,制约了河床的进一步下切。表5-3为丹江口建库后太平店滩群段河床质中值粒径变化表。由表可见,随着时间的推移,河床质粗化现象较为明显。

表5-3   丹江口建库后太平店滩群段河床质中值粒径变化表

年 份	1959	1963	1975	1987	1997	2005
d_{50}(mm)	0.20	0.26	0.38	9.01	14.00	35.00

丹江口下游汉江的粗化现象与本身卵石夹沙的河床组成有关,此外下覆卵石层也抑制了河床冲刷粗化的继续发展。

天然河流河床组成的趋势是沿程细化的。水库兴建后,下游河道这一沿程细化的趋势没有改变,而且由于近坝河段的粗化远大于远坝河段,沿程细化的程度有增加的趋势(表5-4)。

表5-4   建库前后各站床沙中径对照(单位：mm)

年份 \ 站名	黄家港	襄 阳	皇 庄	仙 桃	蔡 甸
1959	0.24	0.15	0.12	0.11	0.105
1980	19.4	0.82	0.18	0.13	0.115

5.3.2.1   抗冲覆盖层

多数水库下游河床粗化的结果是抗冲覆盖层的形成。尤其在卵石夹沙河床,抗冲覆盖层可以有效地抵制水流的冲刷,防止下覆河床进一步的冲刷粗化。

根据1997年4月长江岩土工程总公司地质勘探报告,统计分析得到丹江口水库坝下河段沿程浅滩地质情况(表5-5)。

表 5-5　丹江口坝下河段沿程浅滩地质情况表

钻孔深度 (m)	d_{50}(mm) 或范围	砂质及砾含量	钻孔深度 (m)	d_{50}(mm) 或范围	砂质及砾含量
仙人渡浅滩			太平店浅滩		
0～0.2	64	卵石或砾石,100%	0～0.2	40～70	卵石及砾石,95%
0.2～1.1	6.5	细砾,57.3%	0.2～1.2	14	粗砾,74%
1.1～4.3	13.5	粗砾,74%	1.2～1.5	3.25	细砾,54.8%
			1.5～4.15	15	粗砾,75.1%
伍家河浅滩			新集浅滩		
0～0.2	22.5	卵石及砾石,90.8%	0～0.9	0.295	含少量砾的灰黄色中砂,8.9%
0.2～1.5	17	粗砾,81.8%	0.9～1.1		含少量砾的壤土,富含有机质
1.5～4	13.5	粗砾,79.8%	1.1～2.4	11～18	粗砾,77.2%～87.5%
			2.4～3.4	1.9	砂砾石,49.3%
			3.4～4.8	4.6	细砾,66.6%
袁家营浅滩			牛首下浅滩		
0～0.2	20～70	卵石及砾石,95%	0～1	0.46	灰色中细砂
0.2～3.9	15.5	粗砾,74.9%	1～1.9	16.5	粗砾,74.6%
3.9～4.1		粗砾,90%	1.9～4.2	17.5	粗砾,75.7%

由表可知,形成的抗冲覆盖层表层砂质沿程细化的总体趋势明显。河段上游的仙人渡和太平店河段河床粗化程度已相当高,河床表层 0.2 m 深度中几乎全为卵石或砾石,中值粒径范围达 40～70 mm,砾含量在 95% 以上,而 0.2 m 至 1 m 多深度的中间层泥沙中值粒径大大减小,仅有几毫米至十几毫米,为细砾,砾含量降低,而更深层中值粒径又增大,砾含量也有所增加,说明该河段的粗化已基本完成,已形成稳定的抗冲覆盖层;而中间段如伍家河浅滩段粗化程度虽然已相当高,表层泥沙中值粒径已达 22.5 mm,但当出现大流量时,河床仍可继续冲刷,故其形成稳定的抗冲覆盖层还需一段时间;除袁家营浅滩外,新集浅滩以下河段河床表层为中砂和细砂,中值粒径在 0.5 mm 以下,如新集浅滩段中值粒径较小,仅 0.295 mm,牛首浅滩以下河段,河床表层

多为细、中砂,含砾量较小,表层中值粒径为 0.3～0.46 mm,起动流速仅为 0.3～0.36 m/s,其可动性较大,可冲厚度还很大,可见该河段还有较大可冲厚度,其河床形成稳定的抗冲覆盖层还需要较长时间。

这种沿程细化也会有特殊的河段,如新集和袁家营段,上游的新集河段河床表层中值粒径 0.295 mm,袁家营段却有 20～70 mm。这一现象除了和具体的河床组成条件有关外,特殊的水流条件也是一个原因。据我们实地查勘,新集出口段有一自然堤,抬高水位近 1 m,使得该河段水流相对变缓;袁家营段右岸形成一个面积较大的滨河床洲滩——中洲,使得河宽收窄,水流较为集中,故河床冲刷粗化较为严重。

5.3.2.2 糙率变化

河道糙率增加将使通过同一流量下的流速减小,水深加大,挟沙能力降低。糙率的调整,也是河道适应不同来水来沙条件的一种调整方式。

陈文彪[25]等分析整理国内四座水库上游河流的糙率变化,发现变动回水区由于水深较小,边壁影响不大,床沙细化的影响起主导作用,因而较建库前糙率减小较多,在常年回水区,水位升高,壅水严重,边壁条件影响显著,倾向于糙率增大,同时床沙细化也较显著,倾向于糙率减小,两者作用互相抵消,其结果是糙率变化不大。

对比水库上游糙率变化的复杂性,水库下游河流的糙率变化有不同的原因。清水下泄,河床粗化,导致沙粒阻力增加,河段综合糙率有增大的趋势。另一方面,水库下游河流再造床的河型特征调整,也导致了河道综合糙率的变化调整。图 5-10 为我们用 Manning 公式反推的黄家港—襄阳河段综合糙率变化,图中可见综合糙率有明显的增加趋势。

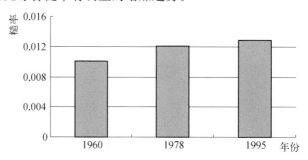

图 5-10 黄家港—襄阳河段综合糙率变化

5.3.3　河型河相特征调整

水库兴建,下泄水沙条件改变,引起下游河流冲刷和粗化的同时,河道的河型特征也有了相应的变化和调整。

5.3.3.1　河相变化

冲积河流处于相对平衡状态时,断面形态和纵剖面与流域因素之间往往存在某种定量关系,这就是河相关系。水库兴建后,下游河流开始了再造床过程,断面形态和总剖面形态发生了改变,河相关系也相应改变。

经验性的河相关系公式很多,如河相系数$\sqrt{B}/h$(当时的苏联国立水文研究所)、阿尔图宁公式($B=AQ^{0.5}J^{-0.2}$)等[26]。这里我们以河相系数为指标,来分析水库下游河流再造床的过程。根据历年实测资料,统计得到汉江丹襄河段河相系数变化表(表5-6)。从表中可以看出,整体上,丹襄段平均河相系数自建库以来都有所减小,说明河型断面总体上趋于窄深,坝下上游河段河相系数已接近10,下游河段河相系数还很大,一般稳定的河道河相系数在10左右,故上游河段较下游河段稳定。从局部来看,羊皮滩滩群河段的横向平衡和稳定的河宽基本形成;付家寨滩群河段的横向平衡和稳定河宽尚在调整之中;仙人渡滩群河段也处于调整之中;回流湾滩群河段已基本形成稳定河段;太平店以下河段大部分仍属于宽浅型河床,河相系数有所减小,说明断面形态有向窄深方向发展的趋势,但到近期有减缓的趋势;而特别在马家洲以下河段,由于河床可动性较大、深槽不稳、洲滩消长不定、主泓摆动频繁,河相系数均大于15,距理想断面$k<10$相去甚远,河段宽浅型表现更为明显。

表5-6　汉江丹襄河段历年平均河相系数变化统计表

年　份	羊皮滩	付家寨	仙人渡	回流湾	太平店	马家洲
1960	15.74	17.32	19.92	17.82	18.7	21.98
1968	10.02	16.58	19.32	10	16.6	16.3
1978	10.74	13.84	20.29	10.33	21.2	23.21
1987	11.47	14.93	15.08	10.37	16.3	16.77
1995	11.84/12.26	17.2/12.18	12.84/16.1	10.97/9.47	16.2	16.24
2002	11.17	10.91	15.21	9.26		

在冲刷过程中,下荆江河相系数变化不大,1985 年为 3.80,1975 年为 3.98,1991 年为 3.85,可以认为基本不变。

5.3.3.2 弯道演变与撇弯切滩

我们[27]在前人表述的基础上,明确了最佳弯道形态的概念:在自然条件下,弯道是不断发展的,河床形态也在经常变化,但是在河湾的发展过程中,具有某种形态的河湾却有相对的稳定性,它和其他形态的河湾比起来具有更多的出现机会,出现以后维持的时间也较长。这种河湾不仅变化小,河床形态也比较规则,水流平顺,滩槽水位差比较小。这种弯道形态在河道整治中常常被人们用来作为整治的典范,我们称之为河道最佳弯道形态。

通常认为,最佳弯道形态与河道尺度、流量大小有关。钱宁[20]在统计了多条河流数据的基础上给出了 L_m 与平滩流量 $Q_平$ 的关系式:

$$L_m = 50Q_平^{1/2} \tag{5-2}$$

欧阳履泰[28]在一般的力学原理基础上认为河曲的发育和稳定与运动水体的切向惯性力 $\vec{F} = \rho Q \vec{V} \cos\theta$ 有关。并根据水流阻力曼宁公式及连续运动原理,认为曲率半径 R 由反映水流动量的流量 Q 和比降 J 决定。并结合部分弯曲河段的实测资料,得出了曲率半径 R 与流量、比降的经验关系:

$$R = 48.1\,(QJ^{1/2})^{0.83} \tag{5-3}$$

Schumm[24]统计了一些美国河流认为,河道弯曲形态与河床和河岸组成物质中粉黏土含量有关,随着粉黏土含量的增大,河湾跨度有减小的趋势;Chitale[29]曾根据 42 条河流的实测资料,得出了河床组成物质越细,断面越窄深,河流也越曲折的结论。在前人的基础上,结合汉江中下游弯道实际,我们得出了汉江中下游最佳弯道形态的经验公式:

$$R = 0.066\,4\,(JDQ^2)^{0.925} \tag{5-4}$$

其中 D 为河床组成代表粒径。当为松散颗粒时取中值粒径,为黏土夹沙时取相当的松散沙体中值粒径。

水库兴建后的河流再造床过程中,来水过程调平、河道比降调平、河床组成粗化,必将导致河道最佳弯道形态的变化,而河湾形态与最佳弯道形态不相符时,弯道的变化加剧。因而水库下游河流再造床过程中,下游河道撇弯切滩现象变得更加频繁。

丹江口水库兴建之后,汉江中下游发生了频繁的撇弯切滩,如近坝段仙人渡浅滩,1968 年丹江口水库蓄水运行后发生撇弯切滩,江中形成一个大沙洲,1978 年除原来的左右两汊外,在右汊之右又形成了另一汊道,从而形成三汊两洲的格局,至今仍维持此格局;在皇庄到泽口河段总计 13 个弯道中,有 11 个先后发生了撇弯切滩[30]。

综合分析汉江中下游的多个撇弯切滩的弯道,我们发现,襄阳以上河道,河床粗化程度大于造床流量变化程度,弯道变化向曲率半径增大为主;襄阳以下河道,河床粗化程度小于造床流量变化程度,弯道变化向曲率半径减小为主。但这一规律并不显著,说明在向最佳弯道形态的发展过程中,河道具有复杂的调整过程。

5.3.3.3　河型变化趋势

对于库容大的常年蓄水型水库,由于下泄水沙条件的剧烈变化,水库下游河流的再造床过程甚至会发生典型的河型变化。

建库以前,流量年内分配极不均匀,汛期水量集中;洪峰陡涨陡落;河道水面比降大;与流量的年内分配相应的悬移质输沙量也主要集中在汛期,而且比流量集中程度更大;含沙量较大且沿程递减。这些水沙条件致使汉江河道横断面宽浅,宽深比较大,滩槽高差小,河床演变主要表现为主泓的摆动,洲滩、汊道变化频繁,中游河段形成不稳定的多汊游荡型河道。

建库以后至今,从整体趋势来看,坝下径流段河道河势自上而下渐趋稳定。太平店滩群以上河道已转化成为较为稳定的少汊分汊河型与单一弯曲河型相间的河道;太平店滩群至伍家河滩群河道河势逐渐稳定,从近期发展情况来看,河道将转化成为稳定的少汊分汊河型的河道;而伍家河滩群以下河道,河床边界可动性仍很大,河势并不稳定,特别是贾家洲滩群河段,河床仍属宽浅型,河道调整仍在剧烈地进行之中,还需要较长时间达到稳定状态。

5.3.3.4　低水分汊河型的发展

水库下游再造床河型变化中,有一个突出的特点就是低水分汊河道的发展。所谓低水分汊河道是相对高水分汊而定义的,系指河流多汊过水,但中间心滩一般不出露,仅低水位时表现为多汊河型。低水分汊河道在山区河流与平原河流过渡段普遍发育,具有与单一河槽河道以及高水分汊河道不同的演变特征。

丹江口以下襄阳以上的汉江近坝段,是典型的低水分汊河流(图5-11)。水库兴建后,河床冲刷粗化,水流下切,形成了卵石河槽和河滩,多汊过流、低水分汊现象较建库前更为突出。其中如洄流湾滩群出口段,建库初期为两汊过水,建库后汊道发展到三汊过水(1987年),近期更是发育成四汊交织(2002年),分汊河道长度也大大增加[31]。

图5-11   汉江新集段的低水分汊河道

水库下游低水分汊河型的发展主要有如下几个原因:首先,在河床的下切过程中,由于卵石河槽的下切困难,主槽的深切程度与支汊相比优势不明显,主支汊深泓高差甚至有减小的趋势;而由于上游来沙的缺乏,支汊不易淤废,长期处于不死不活状态。

相对于冲积河流"顺直、弯曲、游荡、分汊"河型的划分,低水分汊河型更相近于国外常见的"弯曲-辫状"河型分类。尤其是卵砾石辫状河型,与低水分汊河道在很多方面具有相似性。上荆江的河床组成与丹襄河道相似,三峡水库兴建后,低水分汊河型也可能进一步发展。伴随来沙减少,河床粗化导致沙卵石河床的发展,水库下游低水分汊河型的发展变化规律也将是一个有意义的研究课题。

5.3.4　再造床的范围

5.3.4.1　再造床的熵值

前文已经讨论了河流的不同调整方式,如含沙量变化、比降调整、河床粗化、抗冲覆盖层、河相变化、河型转化等。综合前文分析可以得出两条结论:(1) 除了比降之外,河流有多种调整方式,来适应变化的水沙条件;(2) 如果用一个综合值来总计河段包括比降调整在内的综合调整变化,从坝下开始,这个综合变化是沿程递减的,即水库下游河道,河流再造床作用沿程减小。

如丹江口水库兴建 40 年后,近坝段有剧烈的河床粗化和大幅度的比降调整;襄阳—皇庄主要表现为河型变化,河床下切和粗化变化相对较小;仙桃以下,除了含沙量变化幅度依然较大之外,河床组成物质变粗甚微,河道比降调整较小(表 5 - 7)。由表可见,丹江口水库建库后,河道的综合变化是沿程递减的。

表 5 - 7　丹江口水库兴建后的下游调整变化 (1959 年对比 1987 年)

河　段	丹江口—庙岗	庙岗—襄阳	襄阳—皇庄	仙桃河段
河床组成	粗化 116 倍	粗化 45 倍	粗化 50%	粗化 18%
河谷比降	剧烈变化,先减后增	剧烈变化	开始变化	无变化
平均含沙量	减至 1%	减至 7%	减至 23.2%	减至 43%
河型变化	低水分汊发育,因边界条件较稳定,河型变化较小	游荡变弯曲	游荡变弯曲,撇弯切滩	基本无变化
综合变化	最剧烈	较剧烈	显著	不显著

在分析河流能量耗散时,Leopold 和 Langbein 引入了热力学第二定理和熵的概念,取得了许多有意义的成果[32]。这里我们尝试用熵的概念,来分析水库下游的河流再造床现象。热力学第二定理可表述为:在孤立系统中进行的自发过程总是沿着熵增加的方向进行,它是不可逆的,平衡态相应于熵最大值的状态[1]。其中熵是体系内不能用作机械功的那一部分能量的度量。

水库兴建后,水沙变异使得下游河道获得一个能重新改造河床的能量

(W_0),随着沿程的增加,W_0逐渐减小,相应造床能力逐渐减小,造床熵值增加。当熵值增加到最大值时,水沙条件无法引起河流的再造床,造床过程结束。

水库下游河流造床熵的变化一方面同河道的不断调整、含沙量不饱和与矛盾不断缓解有关;另一方面,沿程的分流和汇流,在根本上稀释了河流促因的矛盾。

水利学家已经默认了造床熵值的存在。如三峡水库的论证过程中,人们主要关注荆江河段的河流再造床,甚至关心河口的盐水入侵问题,但却对城陵矶以下河道尤其是汉口以下河道的河流再造床关心甚少。因为无论是数学模型计算还是经验的结果,都说明了经历了荆江河段的调整、洞庭湖水系的入汇后,三峡水库兴建后的造床熵值在城汉河段已接近极值,河床变化较小。

5.3.4.2　再造床的时间性

河流再造床还有一个突出的特点是其时间性。其时间性主要表现在两个方面:(1)对于局部河段,河道的调整变化是随时间的推移逐步完成的,从不平衡到形成新的平衡需要一定的时间;(2)对于坝下长距离河道,河床的调整是自上而下、逐步推进的,建库后水沙变异对造床的影响,传递到下游也需要一定的时间。

水库下游河流再造床时间系列的变化规律以及和空间系列的关系,在下文还将进一步述及。

5.4　结论与小结

以丹江口水库下游汉江为例,结合多个水库下游河流的实例,本章分析探讨了水库下游河流再造床河型变化的现象,并对机理作了初步的分析和叙述,得出了以下认识和结论:

(1)水沙变异是水库下游河流再造床的促因。水库的拦蓄作用使得下游来水过程调平、来沙量减少,改变了河道原有的平衡,促使河道调整以适应新的来水来沙条件。尤其是蓄浑排清的常年蓄水水库,来水来沙条件得到了剧烈的改变,下游河流的再造床过程也更剧烈和显著。

(2)水库下游河流再造床的普遍现象为河道冲刷、河床粗化、纵比降调整、河型特征变化甚至河型转化。基于不同的河道边界条件,河道调整既有共性又有区别,甚至存在复杂响应现象。

（3）河道冲刷的侧蚀和下蚀是关系到河道安全的一个重要因素,与河道边界条件尤其是河床河岸稳定性的对比有关。

（4）抗冲覆盖层的形成是决定河流再造床结果的一个重要因子。抗冲覆盖层与河道组成条件有关。此外,局部水流条件也影响了抗冲覆盖层的形成。

（5）水库兴建带来了下游河道河相关系的普遍变化。河流最佳弯曲形态改变,下游河道弯道形态调整,撇弯切滩现象变得较为突出。

（6）水库兴建后,当条件适当时,下游河道可能发生典型的河型转化。对于沙质河道,普遍存在的是游荡性河道向弯曲型河流的转化,河道向单一、稳定的方向发展;对于沙卵石河道,低水分汊在一定范围内将长期存在,甚至有所发展。

（7）水库下游河流再造床具有时间性。再造床过程是水沙变异后河流逐渐的自调整过程。单个河段重新达到相对平衡需要一定时间,水沙变异的影响沿程向下逐渐发挥需要一定时间。

（8）水库下游河流再造床具有区域性。水库兴建后,下游河流的再造床作用是沿程递减的。其中固然有边界条件变化和支流入汇等原因,河流综合再造床作用沿程减小,熵值沿程增加也是一个主要原因。

第 6 章

试验简介及时效研究

实体模型是现代科学研究中的一个重要手段，得到了广泛的应用。河流自然模型即自然河工模型，是实体模型中河流自由发展、河道由水流塑造的一种，在探索河流的演变规律中发挥了重要的作用。自 Fridekin[1] 1942 年进行著名的水槽试验以来，众多学者以河流自然模型的水槽试验为手段，取得了丰硕的研究成果[2-16]。河流自然模型也是本书的重要研究手段，我们通过概化水槽试验的方式，来探索河流再造床的河型变化机理。本章集中介绍了试验设备、试验方案和组次，并对河流自然模型试验的时效性作了初步的研究和探讨。

6.1 试验简介

6.1.1 试验设备

试验在武汉大学工程泥沙试验室水槽厅举行。试验采用了两个水槽，可变坡玻璃水槽和不可变坡混凝土水槽，长度分别为 4 m 和 30 m。

大部分试验组次在长 4 m、宽 1.2 m、深 0.4 m 的可变坡玻璃水槽（水槽甲）中进行（如图 6 - 1），水槽变坡范围为 0%～2%，比降用水准仪控制。水泵、蓄水池和供水管道组成水流循环系统，流量采用精度为 0.5% 的电磁流量计进行测控。该水槽最大的优点是操作简便，易于模拟不同因素变化时的河流发育，能有针对性地完成单变量多组次试验，使得探索河流演变随各因素变化的规律成为可能。自 2001 年开始，我们开展了大量的试验组次，取得了丰富的试验成果。但由于水槽较短，为避免进出口的影响，试验小河的流量受到了一定的限制，此外，由于形成小河较小，可量测的指标也相对较少。

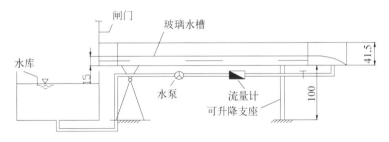

图 6-1　水槽甲试验设备

水槽乙长 30 m,宽 3 m,深 0.5 m,底坡固定为 0.1‰。试验中主要通过不同的铺沙厚度来塑造变化的河谷比降。大流量时采用水泵循环系统,最大流量可达 200 m³/h,由电磁流量计测控;小流量时采用多个小型增氧泵抽水循环,用体积法测控。试验水槽如图 6-2。

图 6-2　水槽乙实物图

大、小水槽入口处均有水库,保证水流平稳进入河槽。出口侵蚀基准点由木质模板控制,尾部设有闸门,也可调节出口水流速度。

6.1.2　试验沙

根据不同试验的要求,我们采用了 7 种试验沙,其中天然沙 3 种、煤粉 1

种、塑料沙3种。表6-1为试验沙简介,其中分选系数:

$$S = \frac{1}{2}\left(\frac{d_{80}}{d_{50}} + \frac{d_{50}}{d_{16}}\right) \tag{6-1}$$

在7种试验沙中,塑料沙和无烟煤煤粉,分选系数近乎为1.0。三种天然沙级配较不均匀,分选系数在3.5以上,试验沙级配如图6-3。

表6-1 试验沙简况

试验沙	类 型	颜色	比重(kg/m³)	中值粒径 d_{50} (mm)	分选指数 S	备注
A	塑料沙	银白	1 050	0.65	1.05	
B		淡黄	1 155	0.65	1.07	
C		暗红	1 454	0.73	1.05	
D	宁夏精煤	黑色	1 500	0.31	>1.15	
E	天然沙	灰色	2 650	0.095	>3.5	长江沙
F				0.42		
G				0.67		
H	黏土	黄色	1 750	0.01		

除采用了非黏性沙之外,由于黏土-泥沙二元结构的河床组成在天然河流中广泛存在,并被许多研究者认为是形成弯曲河型的一个重要原因[5],如在现有众多形成真正意义上的曲流的试验中,唐日长[6]、尹学良[7]和 Schumm[3]等都是在二元结构中塑造的。因此,我们也进行了二元结构河流的造床试验。其中的黏土为均匀黄土。

试验开始后,模型小河在试验沙组成的河谷平面中自由造床。由于不同的试验条件存在不同程度的床沙粗化状况,试验中根据实际情况对河床组成的级配进行了重新测定。

6.1.3 试验步骤及测量

试验水槽铺有选定的试验沙,根据试验条件的不同塑造初始河道。河道进出口有不可冲节点控制,并决定河道的河谷比降。除特别组次外,初始河槽被塑造成断面为三角形的直河槽。试验开始后,水流自首部进入河槽,自由

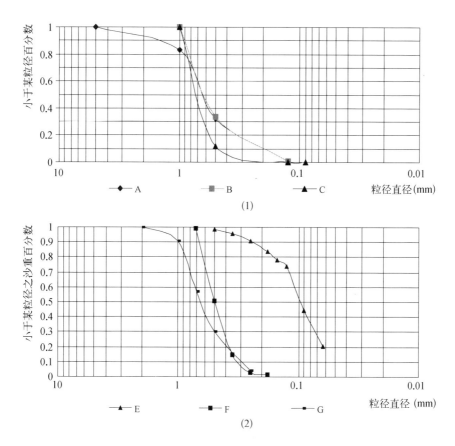

图 6‐3 试验泥沙颗粒级配分析曲线

造床。

大部分试验组次为清水造床。部分组次根据不同的试验要求在入口处人工加沙。

为方便研究和比较,我们把试验水槽分为 12 个断面,断面间隔为 20 cm。断面上每一测点的位置可由有刻度的测桥测得,误差 1 mm;高程由水准仪校对的测针测量,误差 0.1 mm。河道除断面地形图外,还定时测量特征点位置,绘制平面形态图。

此外,因为温度对水的黏性系数有影响,试验时采用温度计测量水温。

具体试验步骤如下:

(1)前期准备(确定模型沙,调比降,按模板制好模型);

(2) 测起始断面形态；

(3) 接通流量计电源,开阀门,开水泵,调整流量到预定值；

(4) 测水温；

(5) 隔特定时间测一次河床位置；

(6) 测水面高程,关阀门,关水泵,断开流量计电源；

(7) 测最终断面形态；

(8) 清理试验仪器,整理分析试验记录。

6.2　试验方案及组次

长久以来的河型研究实践表明,河型研究的难点在于涉及的因素较多,且相互影响和干扰,难以摒弃干扰因素的影响,从中得出本质的结论；更难于将各因素统一于一致的表达式中,从而实现复杂条件下河型变化的预测。结合河流再造床河型变化的实际,试验中将影响河流造床的因素进行了概化,先将影响因素单一化,然后结合具体的问题进行适当的调整和变化,形成一系列相关的组次,从而获得有意义的结论。在整个概化水槽试验研究中,涉及了影响河型的多因素的单一和综合作用效果。

由于河型影响因素很多,不同的研究目的需要不同试验条件的多个组次的试验结果,下面仅按试验的顺序分类介绍试验组次。在具体试验分析时,往往抽取不同大类的相近组次进行分析、对比,得出需要的结果。

6.2.1　基础试验：河床组成、流量与河谷比降的影响

冲积河流,影响河型的因素可以概括为上游来水来沙条件、河床周界条件以及侵蚀基准面三方面,而河床组成、流量和河谷比降分别是所有因素中最直观的三个,研究它们的变化对河型形成及转化的影响,对河型的研究具有基础性的意义。

将顺直、均匀、清水造床下发育河槽的试验定义为基础试验。几乎每一次试验条件(水槽、试验沙、流量、比降等)的改变都将进行一次这样的基础试验。将类似的基础试验组合起来,即可分析特定条件下单一因素变化对河型变化的影响。基础试验组次最多,试验参数如表 6 - 2。

表 6－2 基础试验的试验参数

水槽	试验沙	河谷比降（‰）	流量（m³/h）	试验时间（h）	Renold 数	Frude 数	水温（℃）	试验编号
甲	A	0～10	0.15～0.3	6～48	760～3124	0.79～0.95	10～29	A1－1－1
	B	0.1～10	0.15～0.5	10～50	>500	<1		A2－1－1
	C	0.1～10	0.15～0.5	24～512	>500	<1	14～29	A3－1－1
	D	0.1～10	0.3～1.5					A4－1－1
	E	0.1～50	0.3～1.5					A5－1－1
	F	0.1～10	0.3～1.5					A6－1－1
	G	0.1～10	0.3～1.5					A7－1－1
乙	D	1～5	1.5～3	48～342	>800	<1	18～24	A8－1－1
	E	1～5	1.5～3					A9－1－1

6.2.2 入流角的影响

上游来水的主流方向与该河段初始河槽纵向轴线的夹角称为水流的入流角。在天然冲积河流中,河道不可能是完全顺直的,加之径流过程的不恒定性,因此上游来水的主流方向与局部河段的纵向轴线夹角处于不断的变化过程中。

河道水流是非恒定、非均匀的,因此河道水流与河槽之间必然存在着不相适应和适应的变化。而河道入流主流向与河槽主轴线(其夹角即为入流角)也在不重合和重合之间变化。修建水利工程后下游河流的再造床过程中,一方面流量的改变将直接导致河道断面朝着适应水流条件的方向发展,如过水面积的大小等;另一方面,由于流量的改变,水流的动力轴线的曲率将会改变,河道原本形成的水流动力轴线与河道深泓线的相互适应的局面就会打破,入流角不再等于零,从而开始新的冲淤过程。

我们研究了入流角存在对河型尤其是弯曲型河道形成的影响。试验参数如表 6－3。

6.2.3 流量过程的影响

自然河流中,不同的流量过程对河床的塑造作用明显。一次大洪水的造

表 6 – 3   入流角试验的试验参数

水槽	组次	泥沙粒径 (mm)	流 量 (m³/h)	入流角 (度)	比降 (‰)	试验时间 (h)	参照试验组次
甲	B7 – 1	0.095	0.75	0	1.0	100	
	B7 – 2	0.490	1.50	30	2.0	34	
	B7 – 3	0.490	1.00	45	2.0	45	
	B7 – 4	0.095	0.75	15	0.3	72	
	B8 – 1	0.095	0.75	30	0.6	245	
	B8 – 2	0.095	0.75	30	1.0	202	
	B8 – 3	0.095	0.75	30	1.5	200	
	B8 – 4	0.095	0.75	30	2.0	220	
乙	B9 – 1	0.31	0.8	30	1.0	196	

床效果往往大于长时期小流量的造床效果；不同的流量变幅甚至产生不同的河型，如牙买加东部布卢山(Blue)南北坡上河流，该山南北坡的地质条件、地形、年降雨量等均无不同，只是由于流量过程的不同，南北河流形成的河型不同[1]。

大中型水利枢纽修建以后，下游河道的来流总量并不发生变化，普遍存在的是流量过程的改变，如洪水流量的削减和枯水流量的增加，以及中水期的延长等，流量过程的调平也是下游河道河型转化的一个诱因。

流量过程影响河型的试验一共包括试验沙分别为天然沙和煤粉的 8 个测次的试验；分阶段初步研究了不同流量过程对河型的影响。试验参数如表 6 – 4。

表 6 – 4   流量过程试验的试验参数

水槽	试验组次	试验沙	河谷比降 (‰)	阶段 1		阶段 2		阶段 3	
				流量 (m³/h)	试验时间(h)	流量 (m³/h)	试验时间(h)	流量 (m³/h)	试验时间(h)
甲	C9 – 1	天然沙 E	1.0	0.75	312	1.5	106	0.75	48
	C9 – 2		1.0	1.5	218	0.75	239	1.5	214
	C9 – 3		0.6	0.75	265	1.5	191	0.75	288
	C9 – 4		1.5	0.75	219	1.5	196	0.75	142
	C9 – 5		1.0	0.75	198	1.5	203	0.75	201
	C9 – 6		1.0	1.5	213	0.75	200	1.5	189

（续表）

水槽	试验组次	试验沙	河谷比降(‰)	阶段 1		阶段 2		阶段 3	
				流量(m³/h)	试验时间(h)	流量(m³/h)	试验时间(h)	流量(m³/h)	试验时间(h)
甲	C9-7	煤粉	1.0	0.5	200	0.75	198	0.5	200
	C9-8	D	1.5	0.75	100	0.5	97	0.75	89

6.2.4　初始河槽形态的影响

　　河道的初始形态是否影响河流的最终河型,也是一些地貌工作者探讨的焦点之一。如齐璞[27]认为河槽的横断面形态对河流的演变过程起了控制作用,是不同河流形成不同平面形态的必要条件。不同水沙组合虽然相差很大,但只要形成窄深河槽就可能发展成弯曲河流。

　　试验中,我们塑造了不同条件的多条初始形态为"Z"型的河流,来研究初始形态对河型尤其是弯曲河流的影响。

　　河流初始形态影响河型的试验参数如表 6-5。

表 6-5　初始河槽试验的试验参数

试验组次	试验沙	河谷比降(‰)	流量(m³/h)	初始水槽形态	时间(h)	参照组次
D11-1	E	1.0	0.75	"Z"	65	A1-1-1
D11-2		0.3	0.75		71	A1-1-2
D11-3		1.0	0.75	"S"	74	A1-1-3
D11-4		0.3	0.75		101	A1-1-4

6.2.5　来沙条件的影响

　　河流的来沙条件是影响河型的主要因素之一。如尹学良[7]认为河型的形成与来水来沙的搭配关系 $Q_s = Kq^m$ 中的系数 m 有关:m 值大的,大水来沙偏大而小水来沙偏小,易于淤滩刷槽而形成单股窄深蠕动性河型;m 值小的,大水来沙偏小而小水来沙偏大,易刷滩淤槽而形成多汊宽浅游荡性河型。不同的来沙组成也将对河流形态产生影响,如携带较粗的来沙导致柯西河游荡不定,成为印度北部的悲伤。

　　来沙条件的变化是引起河流再造床的主要原因之一。如水库下游河流再造床的主要促因就是水库的拦蓄，引起了下游河道来沙量的减小。在试验中，我们在基础试验（表6-2）的基础上，对若干试验组次进行加沙，研究了不同来沙条件对河型变化的影响。

　　来沙条件影响河型试验的试验参数见表6-6。

表6-6　来沙条件影响河型试验的试验参数

试验组次	试验沙	河谷比降（‰）	流量（m³/h）	加沙方式	加沙时机
E12-1	C	1.0	0.15	加床沙	造床初期
E12-2	C	1.0	0.15		最终河型
E12-3	C	1.0	0.3		造床初期
E12-4	C	1.0	0.3		最终河型
E12-5	E	1.0	0.3	加黏土	造床初期
E12-6	E	1.0	0.75		最终河型

6.2.6　二元结构河床组成的影响

　　沙-黏土二元结构河床组成在河型研究中具有独特的地位。唐日长通过统计调查，发现几乎所有调查的54条河流均由沙-黏土二元结构河床组成。在这个发现的基础上，唐日长和尹学良开始了曲流的试验研究，并第一次在试验中获得了较典型的曲流形态。1971年Schumm[4]以类似尹学良的方法，通过改变河道比降，获得了顺直—弯曲—游荡河型的转变，并进而提出了地貌界限假说。几乎所有随后的曲流试验研究，均涉及了二元结构的河床组成。

　　作为一种参照，我们进行二元结构河床组成河流的发育试验。试验参数见表6-7。

表6-7　二元结构河床组成影响河型试验的试验参数

试验组次	试　验　沙	河谷比降（‰）	流量（m³/h）	试验时间（h）
F13-1	沙-黏土二元结构	1.0	0.3	50
F13-2		2.0	0.3	50

　　以上所有的试验组次，除另外说明外，水流流态均为紊流（雷诺数＞500），

佛汝德数均小于 1。

6.3　河流自然模型时效的研究

在众多的河流自然模型试验中,试验水槽规模不等、流量不均,试验目的各异,试验时间也不相同。短的如 Fridekin[1] 的试验时间仅 12 小时,而尹学良[7] 的试验长达 2 300 小时。为保证试验精度,满足试验目的,模型的规模和试验条件均得到了精心的设计;而试验时间多由经验确定,或语焉不详,试验的时效缺乏合理的分析和理论的支持。

在我们进行的水库下游再造床过程中河型转化的概化水槽试验(以下简称概化水槽试验)中[17-19],曾对自然模型试验的时效进行了一些探讨。这里结合该试验及前人的试验成果,对自然模型的时效作进一步的研究。

6.3.1　河流自然模型的时效

我们将河流充分发育所需的试验历时,称为时效。时效的重要性在河流自然模型研究中是毋庸置疑的,时效决定了试验时间的选定。

自 Fridekin[1] 开始,许多学者通过河流自然模型试验开展了研究工作,比较著名的有 Schumm、尹学良、唐日长、Smith 等人,这些河流自然模型的共同特征为:在均匀可动沙体中,人为塑造规则初始河道;试验开始注入一定流量水流,水流自由造床;通过人为改变河床组成、水流条件(来水来沙)、比降(河谷比降)、河槽边界条件等,研究河流的演变过程和演变结果。

由于试验条件和研究内容的不同,试验时间也有较大的差异。我们的概化水槽试验,原理和构造与前人相同;以下试验资料除注明外,均为该概化水槽试验数据。试验概况比较如表 6-8。

表 6-8　河流自然模型试验概况

研究者	水槽规模(m)	床沙组成 d_{50}(mm)	流量(l/s)	河谷比降(‰)	加沙情况	试验时间(h)
Fridekin	25×4	密西西比沙	1.4~4.2	0.6、0.75、0.9	清水	6~12
尹学良	12×3	沙	0.5~1	0.5~1	清水加底沙	412~1 600

（续表）

研究者	水槽规模 (m)	床沙组成 d_{50} (mm)	流量(l/s)	河谷比降 (‰)	加沙情况	试验时间 (h)
唐日长	25×4.2	沙土二元结构 （平均 0.1 mm）	1～6	0.3、0.4、0.5	—	65～266
Schumm	25.4×6.1× 0.76	0.7	4.25	0.1～2	3‰ 悬移质	24,小比 降2～3
金德生	30×4.5×1	一元结构 0.14、0.29, 二元结构	0.15、0.1、0.2	0.33～0.1		210.5～ 542
倪晋仁	20×5×1 30×4.5×1 27×5×0.9 140×90	沙三种 0.25、0.34、 0.46,黏土 0.07,粉 煤灰 0.04	0.8～4.4, 粉煤灰试验 50～100	0.15～1.23	定常或 加过程	18～270
张洪武	多个水槽	粉煤灰 0.042,塑料 沙 0.22、1.0	0.02～100	—	—	十几小时～ 一个多月
Smith	3×1.2	岩粉、玉米淀粉、高岭 土、黏土混合物 0.035	0.009～0.045	0.015～ 0.025	加沙	500
陈立	4×1.2	沙三种 0.095、0.42、 0.67,煤粉一种 0.15	0.083～0.417	0.03～1.7	清水或 清水加 悬沙	10～570

注：资料依据引用文献,当有多组试验数据时,采用文中较主要组次数据。

　　天然河流是不断运动的,其塑造形成一般都有一个漫长的历史过程。试验河流的发展也是一个较长期的过程,尤其是清水造床,河道对河岸的侵蚀和扩展甚至是永无终止的(取决于抗冲覆盖层的形成)。试验时间过短,河道形态没有完全确定,得出的结论不一定正确;试验时间过长,试验周期和设备的要求增加,且无论多长的试验时间与天然河流发育漫长的地质年代相比也是极短的,过长的试验时间也失去了模型试验的意义。

　　河流动力学认为：随着外界条件的变化,河流有一个自调整过程;当这个过程完成之后,河流将达到一种动态平衡状态;几乎所有的河流自然模型都是建立在这样一个理论的基础上：河流的自调整作用会导致一种动态平衡。自然模型时效的实质就是河流状态达到了动态平衡时的试验历时。

迄今为止,模型的时效或者说动态平衡状态的确定还是基于经验的基础上,较多地应用了基于目测和主观决定的指标,如:岸滩的侵蚀、河势较长时间的稳定、底沙运动状态等。这增加了试验结果判定的不确定性。如Schumm[3]认为,大比降时只要 24 小时河道已经基本稳定,小流量甚至只需2～3 小时。而尹学良[7]认为 Tiffany[2]和 Friedkin[1]试验时间只有 12 小时,时间过短,所造成的河线形式难说稳定;在尹的试验中,试验条件不同的组次之间出现第一个边滩时间从 3.5 小时到 128 小时不等,河道发育较慢组次出现第一次切滩的时间几乎与较快组次的全部试验时间相等。这种试验条件不同所需时间不同的现象较为普遍(参见表 6 - 8),而所有的试验都缺乏时效的合理性分析和验证,试验时间差别较大。

6.3.2　时效的影响因素

6.3.2.1　时效的影响因素

河流自然模型的时效至今没有定论,从模型河流发展历程分析,应与河床的稳定性、水流同河床的相互作用以及河道的发展过程有关。关于前两者,目前的研究成果比较多,也有比较成熟的结论[21]。尹学良[7]将三者结合起来,提出了河床可动性的表达式:

$$Z = \frac{\rho}{\rho_s - \rho} \frac{J}{d} (QT)^{1/3} \qquad (6-2)$$

式中 ρ、ρ_s 分别为水及泥沙的比重,d 为河床泥沙粒径,含有黏性土时应考虑黏性的影响,J 为比降,Q、T 分别为该流量级的大小及历时。(6-2)式中的 T 与本书中的时效并不是同一概念,但却包含了相同的影响因子。根据时效的定义,达到动态平衡时河床的可动性 Z 将趋于一个较小的定值,将(6-2)式变形为:

$$t \propto \left(\frac{\rho_s - \rho}{\rho} \frac{dZ}{J} \right)^3 \frac{1}{Q} \qquad (6-3)$$

(6-3)式中以 t 代替 T,而且不采用等号是因为:时效 t 和历时 T 不具有等价性;而(6-3)式更多地只是表明了一种趋势性的相关关系,而非确定的关系式。由式可知,当河床可动性 Z 趋于定值时,所需的时间 t 与 Q、J 成反比,

与 d 成正比。这一点与多次试验结论是一致的,其理论基础在于:来水来沙和比降等条件决定了河道的外部能量,流量和比降增大时,水流造床能力增大,河槽变形加剧,河道形态变化加速,但达到相对平衡的时间普遍增大;河床组成等边界条件决定了河床的内部构造,同种天然沙组成的河槽,中值粒径较大者河床较稳定,达到动态平衡的时间较短。

在概化水槽试验中,我们每隔几个小时测量试验河道岸线的位置,并将岸线变化速率为 1 mm/10 h 定为一个临界值,作为决定试验时效的一个重要指标,当岸线变化速率小于该值时,认为该河道是趋于稳定的。图 6‑4 为各组次试验河道岸线变化率达到临界值时的历时小时数,图中趋势也证实了(6‑3)式反映的趋势关系。

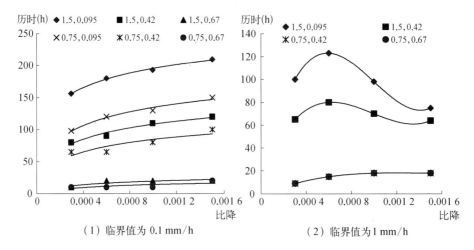

（1）临界值为 0.1 mm/h　　　　　（2）临界值为 1 mm/h

**图 6‑4　河岸变化速率达到临界值的历时(系列数值分别为
流量 m³/h、床沙中值粒径 mm)**

6.3.2.2　时效判定指标的选择

在前人的试验中,判定试验性时效的常用指标主要有岸线变化率(即岸滩侵侮烈度)、河势较长时间的稳定、底沙运动情况等;通常以相对较长试验时间,经验判定而得到。这种判定方式一方面要求一定的经验和判断能力,可信度难以保证;另一方面,即使在一定时段河道变化较小,也不能完全保证试验的时效,在河流自然模型试验中,往往有特例发生。如概化水槽试验组次 E11‑1(图 6‑5),图中可知,随着试验的进行,河岸变化由快变缓,试验进行到 73 小

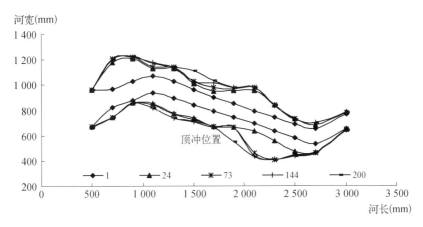

图 6‑5　E11‑1 河岸线位置变化(历时单位: 小时)

时之后,河岸变化极小;此后 71 小时中,河岸变化速率最大仅 1.87 mm/10 小时;到 144 小时左右,河岸变化率突然增加,整体河道形态也随之改变。试验 E11‑1 的这种突变现象的产生是有特殊原因的:该试验初始河道为曲折型,73 小时以后,上游左岸形成了一个抗冲露头(如图中加注),这个顶冲位置使得随后河床变化率较小;试验进行 144 小时左右,顶冲位置被冲开,河床变化率随即迅速增加。

　　试验 E11‑1 等特例在河流自然模型试验中并非绝无仅有。另一方面,即使河道达到动态平衡时,其滩槽变化幅度也可能较大,如弯曲河道自身的弯曲和裁弯过程。两方面都增大了时效确定的难度。为保证试验的时效、保证模型试验结果的正确性,必须在常用指标的基础上,对试验时间进一步进行分析和验证。

6.3.3　相似理论在时效验证中的应用

　　河工模型包括定床模型和动床模型,目前在理论上已较为成熟,实践上也在生产和科研中得到了广泛的应用。从本质看来,河流自然模型也是河工模型的一种。相似论是模型试验的理论基础,满足相似条件时,模型与原型是相似的,此时可以用模型试验的成果来推断原型的情况。同理,确定了相似条件,原型的变化情况也能对模型的变化状态进行预估和判定。基于这个思路,可以运用河工模型的方法来验证河流自然模型的时效。

6.3.3.1　计算原型与模型的选择

采用 20 世纪 60 年代下荆江人工裁弯河道作为原型。因为下荆江河道为典型的弯曲型冲积河流,河床多由沙土和粉土组成,与河流自然模型试验具有一定的相似性。人工裁弯具体过程为先开挖断面较小的引河,过水后引河逐渐发展,最终发展为新河,原河道逐渐淤废,最终变成牛扼湖,发育过程也与自然模型类似。

谢鉴衡[20]对下荆江裁弯作了较为系统的研究,并进行了裁弯后的水力学及河床变形计算,认为在裁弯进行之后的四五年,引河展宽过程已基本结束,冲刷大致终了。将谢文中裁弯后中洲子河段作为计算原型。

计算模型采用概化水槽试验中试验 A6-3-1 和 A7-3-1。计算原型与模型概况如表 6-9。

表 6-9　计算原型及模型概况

河　　段		最终流量 (m³/s)	原始比降 (10^{-4})	床沙组成及 d_{50} (mm)	流速 (m/s)	平均水深 (m)	最终河宽 (m)
原型	中洲子	23 500	1.87	0.17	1.9	10.70	1 070
模型	A6-3-1	0.000 208	3.0	沙 0.095	0.073	0.008 4	0.341
	A7-3-1	0.000 083	3.0	煤粉 0.15	0.042	0.0055	0.362

6.3.3.2　计算方案及结果

根据相似理论,以 6 年为原型变化时间,推求模型时间。计算方法如下:
(1) 平面比尺 λ_L、垂直比尺 λ_H
(2) 流量比尺

$$\lambda_Q = \lambda_L^{5/2} \tag{6-4}$$

(3) 流速比尺

$$\lambda_u = \lambda_L^{\frac{1}{2}} \tag{6-5}$$

(4) 时间及河床变形比尺

$$\lambda_{t_s} = \frac{\lambda_L \lambda_{\rho'}}{\lambda_u \lambda_s} \tag{6-6}$$

其中

$$\lambda_s = \frac{\lambda_{\rho_s}}{\lambda_{\frac{\rho_s - \rho}{\rho}} \eta^{\frac{1}{2}}}$$ (6 - 7)

采用两种计算方案(表 6 - 9)：

A. 以流量为相似指标,反推平面比尺,再求出时间比尺；

B. 以最终平均河宽为相似指标,算出平面比尺,再求时间比尺。

通过时间比尺将模型时间转换成原型时间,再和原型实际时间对比,计算结果如表 6 - 9,其中模型历时为岸线变化率<1 mm/10 h 时的小时数。

表 6 - 9 的计算结果表明,所选模型折合原型的历时与实际原型的历时还是有较大差别的。这种差别主要有两个原因：

(1) 计算时间比尺的(6 - 6)、(6 - 7)式中仅考虑了 λ_ρ 的影响而没有考虑 d_{50} 的影响。因此采用模型沙 A7 - 3 - 1 的计算历时远比采用长江沙的 A6 - 3 - 1 的计算历时更接近原型实际历时。而 A6 - 3 - 1 的 d_{50} 仅为 0.095 mm,远较荆江床沙中径为小。

(2) 模型流量固定,而原型引河流量是逐渐增加的。中洲子河道第一年的引河流量为 15 800 m³/s,仅为最终流量 23 500 m³/s 的 67.2%,较小流量的造床能力偏小,时间较长。

表 6 - 10 增加了以平均流量 19 650 m³/s 为造床流量计算修正历时,计算结果表明,模型历时与原型的时间具有一定的相似性。

表 6 - 10　相似理论计算结果

方案	组　次	流量比尺	水平比尺	垂直比尺	时间比尺	模型试验时间(h)	折合原型历时(y)	历时修正值(y)
A	A6 - 3 - 1	110 400 000	1 648.88	1 273.81	40.62	268	1.24	1.55
	A7 - 3 - 1	276 000 000	2 378.83	1 945.45	172.24	185	3.64	4.55
B	A6 - 3 - 1	314 538 438	3 313.78	1 273.81	57.56	268	1.76	2.2
	A7 - 3 - 1	414 876 124	3 121.55	1 945.45	226.01	185	4.77	5.97

严格说来,河流自然模型"是不满足相似论的基本要求的,在理论上存在缺陷"[21]。但在确定自然模型的试验时间时,选取适当的原型进行参照,也为一可行之道。

6.3.4 "空代时"假说的验证

6.3.4.1 "空代时"假说

"空代时"假说是现代地貌学的基本理论之一。"空代时"假说认为：在特定的环境条件下，对空间过程的研究和对时间过程的研究是等价的；在缺少绝对数量方法的情况下，有时可以认为地貌空间集合体可以代表地貌体的时间序列。

"空代时"假说在地貌的研究中取得了较大的成功。如 Davis[22] 在很大程度上基于"空代时"假说创建了侵蚀循环学说；Lobeck 发现从华盛顿山到大西洋海岸这一剖面中，地貌的发育体现出明显的阶段性；Ruhe 和 Savigear[24] 对野外资料的研究表明，地貌体确实存在时、空替代现象——在空间上分布的不同类型可以推演到时间序列上，代表地貌发育的不同阶段。用空间变量代替时间变量曾为一种非常流行的解决地表过程长期演化的地貌学方法。

在自然河流演变过程中，"空代时"假说也同样可以在相当的范围内解释许多现象，有时候现象甚至还比较直观，如丹江口水库兴建后，清水下泄引起河道冲刷的现象。河道的冲刷在时间上有个逐步粗化的过程，空间上冲刷范围有由上而下逐渐推进的趋势，时间和空间的现象具有较明显的相似性。这时用"空代时"假说来描述和预测有较好的效果。

6.3.4.2 自然模型试验中的"空代时"现象

对比前人以及我们的概化水槽试验成果发现：在河流自然模型试验中，时间与空间的相似性更为确定和明显。图 6-6 为试验 A8-1-1 的河床平面演变过程图。由图可知，随着时间的变化，河道有顺直到弯曲最终变为微弯的变化过程，这与河道空间上由上而下的纵向变化趋势基本一致，此时空间和时间的变化可认为是可以相互替代的。

这种空时变化的状况在自然模型中是非常普遍的。张欧阳[25] 引入"空代时"假说分析游荡河流造床试验过程中河型的时空演替和复杂响应现象时，不仅证实了自然模型试验过程中，河流的时、空演替过程可以相互代替，而且具体提出了水深、曲率、比降和效能率的时空相似。

必须指出，"空代时"理论在地貌学中并不是一个非常可靠的理论，空间和

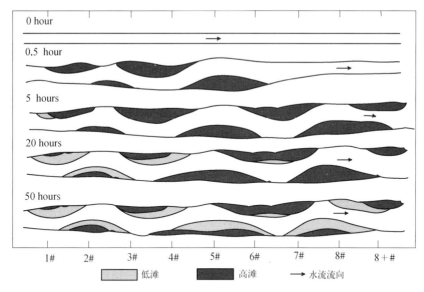

图 6 - 6　试验 A8 - 1 - 1 的河床平面演变过程略图

时间尺度的不确定性和野外资料的缺乏使得该理论的使用相当危险,甚至受到多方面批评。而河流自然模型试验则不存在这些缺陷:时间和空间的具体性、原始河槽—调整—平衡这一完整的发展过程都构成"空代时"理论成功应用的基础,因此该理论的引入将在时效的定性判定中提供判定指标,使之具有更理想的可信度。

　　将"空代时"假说反映的趋势用在自然模型的时效的验证当中是非常直观而有效的。如 Schumm[4]关于顺直河流的试验(图 6 - 7):试验进行几个小时后,河槽首部塑造了几个弯道,但下游却为顺直型;Schumm 以此时的试验现象作为依据,得出了"在一定的边界组成下,只要初始坡降没有超过某一界限值,河流可能发育成顺直型"的结论。这个结论普遍被认为是不可信的,正如倪晋仁[16,26]指出:照片中的河道形态远非最终河道形态,随着试验时间的推进,下游的顺直河道形态也难以维持;Schumm 试验历时过短,河流没来得及调整是其缺乏可信度的主要原因。

　　运用"空代时"假说分析图 6 - 7 可以较直观地得出结论:在空间范畴内上游有河槽由顺直形成弯曲河道的事实,时间范畴内下游河道也应有逐渐由顺直向弯曲河段转化的趋势,在下游河道没有完成其演变时终止试验,时效是不能保证的。

图 6-7　Schumm 关于顺直河流的试验照片

　　"空代时"假说不仅有助于模型试验的定性判定,如能对时间尺度和空间尺度相似关系作进一步研究,将有助于河流自然模型试验时效的定量确定。

6.4　结论与小结

　　本章系统介绍了试验设备、试验沙以及包括试验步骤在内的试验细节。

　　(1) 分类介绍试验方案及组次,包括基础试验、入流角试验、流量过程试验、初始河槽试验、来沙过程试验和二元结构河床试验。

　　(2) 河流自然模型试验是探索河流演变原理的重要工具,近几十年来得到了广泛的应用,也取得了丰硕的成果。对模型的时效进行分析和论证,是避免谬误、增加试验结果合理性的重要途径。

　　(3) 河流自然模型时效的实质是试验河流达到动态平衡状态的历时。试验河流的时效与河床组成、流量、比降等诸多因素有关。常规的时效判别主观性较强,缺乏理论和实践的验证,可信度难以保证。

　　(4) 引入相似理论,将自然模型试验结果和荆江下游人工裁弯河道实际进行了对比。计算结果表明:选择较好的模型与原型,通过相似理论计算的时效具有一定的参考价值。

（5）引入"空代时"假说，认为该理论是自然模型试验预测变化趋势的有效工具。对时间尺度和空间尺度相似关系作进一步研究，将有助于河流自然模型试验时效的定量确定。

第 7 章

河流再造床河型过程的试验研究

人们对河流再造床的关注,不仅在于其结果,更在于调整发育的过程,因为通常经过长时间的自调整后,河流都会达到一种动态平衡状态;河流再造床的复杂多变主要表现在过程,影响河型过程和结果的变化因子也往往作用在过程,河流再造床的复杂性以及给人类生活生产、河流生态带来的危害也多数发生在过程。

本章在水槽试验的基础上,以河流再造床一般过程以及入流角、流量过程存在下的河流再造床为例,对河流再造床的过程作了探讨。

7.1 概述

不同的影响因素下,河流的河型过程是复杂的。钱宁[1]曾生动地介绍了美国科罗拉多河自第四纪以来因为气候变化所引起的河流特性周期性变化:当气候湿润时,年径流量分布比较均匀,沿岸林木葱郁,土层较厚,带入下游的泥沙较少,粉沙、黏土占到相当大的的比重,这时河流发育形成弯曲性河流;在海洋气候转为大陆气候以后,暴雨洪水出现的几率加大,流域内植被被大量破坏,坡面水流和它的侵蚀作用加强,稀有洪水的出现,一开始破坏了河谷在湿润时期形成的河漫滩,河谷下切,继之而来的越来越多的泥沙又使河谷回淤,淤下来的物质都比较粗,河流的弯曲系数减小,河型朝游荡河型方向发展,下一个轮回的湿润气候又使淤积放慢,河槽物质在垂直方向自下而上变细,基流加大,径流过程趋于均匀化,河流又转而恢复弯曲的外形。

关于河流的一般造床形成过程,Lewin[2]提出河流发育的五个阶段,分别为:

(1) 渠化水流的弯曲;(2) 床面形态的发展,床面形态将形成弯曲和辫状河型,或者改变河型,尤其是当大范围的河床形态稳定下来并且稳定性较河岸更强时;(3)河槽的连接和摆动现象;(4)河岸侵蚀,包括斜道切滩、侵蚀、崩塌等;(5)完全再塑造现象,河床形态被全方位地改变。

必须指出,这五个阶段只是河流的典型形成过程,河道条件改变时,河流发育的变化过程也相应改变,并不局限于此五阶段。这五个阶段的不同发展结果,都会影响最终的河型。

河流再造床的促因是河流来水来沙条件或侵蚀基准面的改变,从而导致了河流的自调整过程,调整过程的不同,导致河型结果不同。而由于天然河道往往都是非均匀、非恒定的,边界条件的复杂、水沙条件的多变、分流汇流的引入,都将使得河流再造床的过程变得更加复杂,甚至存在复杂响应现象。

下面以概化水槽试验为手段,探索了不同试验条件时,河流发育的反馈过程。重点研究了河流的一般发育过程、流量过程影响下的河流发育以及入流角存在下的河流发育。

7.2　试验河流的一般发育过程

与天然河道相比,试验小河的发育速度快了许多,从初始河槽到最终河道形态的完成只需数十小时,快的只要几小时。由于塑料沙的比重较小,塑料沙组成的河道变化更加迅速和剧烈。河道塑造的时间显著缩短,试验周期也大为简缩。通常试验开始几分钟内,河道就开始弯曲;随着时间的推移,全河道的弯曲河道逐渐形成,河道形态发生剧烈的变化,弯曲和裁弯、歧弯的发展同时进行,河道在弯顶处横向展宽;随着蜿蜒的快速发展,不断地冲刷边滩和裁弯取直,河道下游开始展现典型的游荡特性,并随着时间的推移,游荡特性逐渐向上游发展;1～3 小时后,最终的游荡河型大体形成。图 7-1 为试验 A3-1-1 的河道发展历程,图中可见,随着时间的推移,河道从初始的顺直到弯曲最后游荡的变化过程。

7.2.1　河床展宽速率

随着试验的进行,在相同的初始顺直河槽和相同的来流量下,由于河床组成的不同,河床展宽的速率不同。图 7-2 是不同河床组成河流在比降为 0.000 1,流量为 0.15 m³/h 时的河槽展宽情况,由图可见,随着组成河床的塑

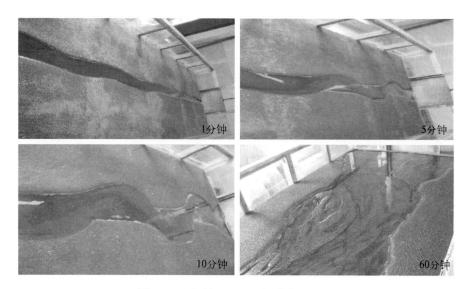

图 7 – 1   试验 A3 – 1 – 1 河道发展历程

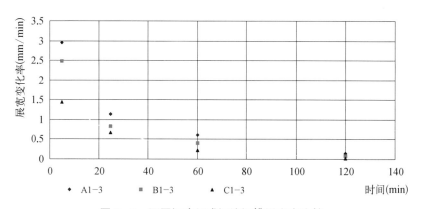

图 7 – 2   不同河床组成河流河槽展宽率比较

料沙比重的增加,河槽展宽的速度变小,趋于平衡的时间也变短。

此外,河床的展宽速率还与代表水流能量的流量、比降有关。当流量较大、比降较陡时,河床展宽速率较大;当流量较小、比降较平时,河床展宽速率较小。

7.2.2   河流的弯曲趋势

试验表明,不同试验条件的河流,在自然发育过程中,均有弯曲的趋势。试验开始为顺直的河槽,经历一段时间后,水流均有不同程度的弯曲现象,河岸也变得犬牙交错、凹凸不平。

　　几乎是水流流过整个河槽的同时,最轻的 A 组沙组成的河道就开始弯曲,B 组沙组成的河道弯曲出现稍慢一些,通常在 5 分钟左右河槽就会出现连续的弯道,而 C 组沙组成的河道通常要在 15 分钟左右才能出现弯曲,对比以往的天然沙和煤粉(连续弯道至少在 1 小时之后才能出现),河床变形迅速得多。图 7-3 为比降为 1‰、流量为 0.3 m³/h 时,不同模型沙河槽 30 分钟的岸线变化。由图可见,随着粒径、比重的减小,河床河岸稳定性减弱,河岸线有变得更凹凸不平的趋势。

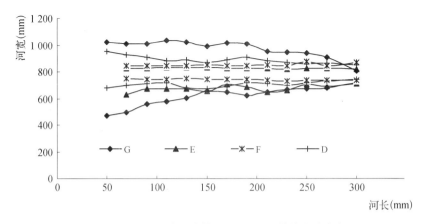

图 7-3　不同河床组成模型小河 30 分钟的岸线变化

　　仅当河床组成为较均匀的最粗沙 E 时,由于水流能量的限制,水流几乎无法起动泥沙、重新塑造河岸,河槽岸线在较长时间仍保持顺直。图 7-4 为不同比降下模型沙 E 组成的河槽最终岸线图。由图可见,河槽除试验开始阶段

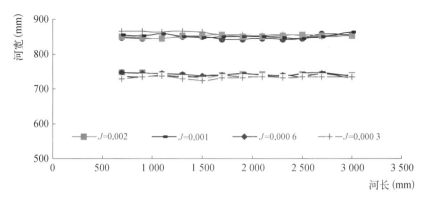

图 7-4　模型沙 E 河槽最终岸线形态

有平行展宽外,河道变化基本顺直,比降变化对河岸形态影响极小。这主要是由稳定性过强的河床河岸决定的。

　　试验河流发育的弯曲趋势与天然河流是一致的,天然河流中,几乎找不到超过 10 倍河宽长的直河道。河道水流的弯曲趋势,最早有学者认为是科氏力的影响,如北极附近的几条河流,河口处的弯曲是非常剧烈的[3];Yang[4]以赤道附近的河道进行了反驳:赤道附近的河道科氏力非常小,但也难以找到近乎顺直的河流。

　　统计多条试验小河的左右岸岸线展宽率对比(图 7-5),可以看出:在多数河流中,右岸展宽率大于左岸;少数区别较小,甚至存在左岸大于右岸的组次。试验结果表明:在河流弯曲的过程中,科氏力的作用确实存在;但紊流流态的紊乱,也是导致河流岸线凹凸不平的重要原因。

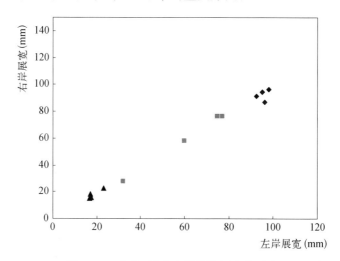

图 7-5　试验河流左右岸岸线展宽率对比

7.2.3　河床形态变化

　　伴随水流弯曲、河岸不均匀展宽的,是河床形态的变化。随着试验的进行,河床的不同形态逐渐出现,包括小规模的沙波、沙纹,大规模的沙垄,以及水流冲刷下切形成的边滩、浅滩等。

7.2.3.1　沙波、沙纹、沙垄

　　试验过程中,可明显地看出沙波的形成与河床组成、比降和流量三个基本

条件都有关系。当河床组成泥沙粒径过大($D3$),改变流量和比降,河槽底部都很平坦,没有沙波。而粒径过小时($D2$),每一个流量和比降的河槽都产生沙波。泥沙粒径为中等($D1$),流量为满槽流量(1.5 m³/h)时,每一组比降都使河槽产生沙波;流量为 0.75 m³/h 时,比降大于 0.6‰,河槽平坦;小于 0.3‰,产生沙波。图 7-6 为规则的舌状沙波。

图 7-6 规则的舌状沙波

当河床组成为比重较小的模型沙时,在试验范围内,难以看到成规模的沙波、沙纹形成,除与水流条件有关之外,较小的水下休止角也是一个重要原因。

试验河流的沙波、沙纹、沙垄除与天然河流相似的形态、形成特征之外,还有其自身的特点。首先因试验河流较小,而沙波等的形态相对较大,当河槽初步形成之后,沙波的推移便成了河床变化的一个主要形式,体积上甚至可与边滩相比;随着河流的展宽,水流的摆动,沙波又不断得到冲刷切割,最终的河槽中的沙波往往是很不规则的(图 7-7)。

沙波、沙纹、沙垄等成型淤积体的形成,是河槽对水流条件的反馈。成型淤积体形成之后,床面阻力增加,水流造床作用减弱,河道逐渐趋于稳定。

7.2.3.2 边滩、浅滩

随着河流发育的继续,出露水面的边滩和不出露的浅滩逐渐出现,边滩与浅滩的出现、存在、消亡,直接影响了河流的最终河型。

河床组成不同,试验河道出现弯曲的时间有较大的差别。连续弯道形成之后,接下来就是典型的凹冲凸淤,河道进一步展宽。与此同时,由于边滩的稳定性较差,弯道水流很容易切割边滩,实现裁弯取直,并导致上下一系列弯道的变化。河道在弯曲、裁弯、再弯曲的循环中不断展宽,当下游逐渐形成宽

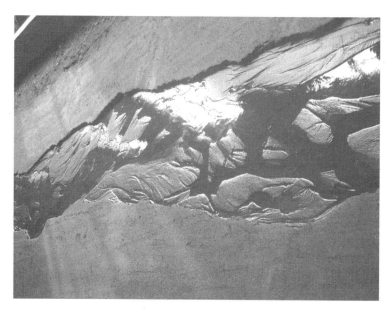

图 7-7　切割后不规则的沙波与边滩形态

浅的河床,逐渐阻碍了典型弯道的进一步形成,河道从此展现游荡河流的特性。整个弯曲河道持续的时间与河床组成以及河谷比降有关。A 组沙弯曲型河道持续时间不过 10 分钟左右,而 C 组沙河道则可持续一个小时甚至更长。

当流量为 0.3 时,A 组沙弯道的弯顶冲刷使得河道横向发展迅速,经常扩展到水槽的边缘。图 7-8 为试验 A1-2-1 20 分钟的河道形态。

图 7-8　试验 A1-2-1 河道形态(20 分钟)

多次水槽试验结果表明：游荡型河流和弯曲型河流的发展最初过程一致，均有一个弯道—边滩的形成过程。当边滩抗冲性较强、能够稳定存在时，河流呈现弯曲型；当边滩不断经历形成—切割—消亡—形成的循环时，经历一段时间后，河流最终为多汊游荡型。

前人的河型试验的关键也在于稳定边滩的能否形成。唐日长[5]在试验中通过植草等手段人为护住边滩最终获得弯曲河流，这种曲流是否是河流的自由发育的结果是值得商榷的。尹学良[6]、Schumm[7]等采用在水流中加入黏土、Smith[8]干脆采用黏性极强的高岭土、玉米粉等的混合物，也是为了加固边滩，从而得到稳定的曲流。

除适当的来沙条件有利于边滩的稳定外，有利的物质组成、边滩自身较河床更强的抗冲性也是边滩稳定的一个重要原因。试验中，当河床组成分选度较差、泥沙不均匀时，边滩较稳定；当河床组成为匀质沙时，边滩较不稳定。这是因为河床组成泥沙不均匀时，边滩组成物质可逐渐粗化，从而稳定性增大。图 7-9 为粗化率（边滩-河槽床沙 d_{50} 之比）与边滩存在时间的关系。由图可见，边滩组成较河床越粗，稳定性越强。

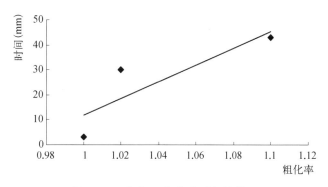

图 7-9　边滩 d_{50} 与存在时间的关系

边滩发育与河床形态发育的密切联系，后文我们将结合具体类型进一步分析。

7.3　不同流量过程下的河型过程和结果

天然河流中，流量并不是恒定不变的。我们将河流变化的流量系列称为流量过程或径流过程。不同流量过程对河床的塑造作用不同，一次大洪水的造床效果往往大于长时期小流量的作用效果,并对河床形态长久产生影响;不同的流量变幅甚至导致不同的河型,如牙买加东部布卢山(Blue)南北坡上河流的例子,该山南北坡的地质条件、地形条件、年降雨量等均无不同,只是由于流量过程的不同,南北河流形成的河型不同[9]。

大中型水利枢纽的兴建将显著地改变下游河道水沙特性,进而可能引发下游河道的较大范围的河床演变甚至河型转化,如丹江口水库兴建后汉江下游就发生了较典型的河型转化[10,11]。水库下泄泥沙的减少是引发河型转化的重要原因已经取得了共识,而下泄流量过程的调平对河型转化的影响至今没有定论,第2章我们已经对流量调平引起的河流形态特征现象作了初步的分析,本节我们将通过水槽试验进一步研究流量过程对河型过程与结果的影响。

为排除干扰,我们将流量过程概化成"小大小"和"大小大"三级流量,水流连续施放、自由造床。根据试验沙的不同,大、小流量分别为 1.5 m³/h、0.75 m³/h 和 0.75 m³/h、0.5 m³/h,具体试验数据见表 7-1。

表 7-1　试验第 1 阶段最终河道特征

试验组次	1	2	5	6	7	8
河宽(mm)	328.4	350.1	256	320	450	568
宽深比($\sqrt{B}/h$)	22.2	19.6	35.1	32.5	26.2	33
深泓与主流情况	有深泓和明显的主槽	水流散乱;无深泓和主槽	有明显的主槽,深泓线不太明显	水流散乱;无深泓和主槽	有深泓和明显的主槽	水流较散乱;深泓和主槽不甚分明
与阶段3最终河槽比较	河型变化	微有展宽,变化不显著	主流弯曲性增强	变化不显著	河道弯曲特性加强	主流归槽,河道弯曲特性加强

7.3.1　试验现象概述

试验条件各不相同的 8 个组次(C9-1 至 C9-8,以下简称 1 至 8)试验,最终导致的河床形态有较大的区别。各试验河道演变状况可概述如下:

(1) 流量过程为"大小大"的 3 个组次(2、6、8),第 1、3 两阶段河槽的变化均较小,即流量过程变化引起的河型变化较小;

(2) 流量过程为"小大小"的 5 个组次,第 1、3 两阶段河槽形态均有不同程

度的变化,有的其至产生河型转化,第 1 组试验结果尤为典型;

(3) 流量过程为"小大小"的 5 个组次,第 2、3 两阶段河道形态均发生改变,变化的范围和程度有所不同。

7.3.2　第 1、2 组试验现象概况

以试验现象对比最突出的第 1、2 两组为例。第 1 组试验以小流量(0.75 m³/h)开始,河道基本稳定之后,河道无明显的主流,下游水流较散乱,滩槽岸线变化很小,整体为带有游荡特性的顺直河道。第 2 阶段流量加大后,河道进一步展宽,有微弯的深泓,但整体主流不甚分明;流量加大初期河床变化剧烈,几小时后河道趋于稳定,河型为顺直型。阶段 3 减小流量到 0.75 m³/h,来流量减小之后,水流沿阶段 2 河道的深泓发展,归槽现象普遍,阶段 2 时不出露水面的边滩此时大部分高出水面。平面形态上河道弯曲率加大,且水流具有较典型的弯曲特性,出现了明显的横向环流。随着试验进行,河道"凹冲凸淤"现象明显,尤其下游河道弯曲率持续增加,在 8♯断面附近河道冲刷到了水槽边界。

第 2 组试验条件与第 1 组相似,仅流量过程变为"大小大"。第 2 组 3 个阶段均无明显的深泓和边滩。即使在小流量情况下,深泓线和主流仍不显著。第 2、3 阶段对比第 1 阶段大流量塑造的河槽,边界和形态变化较小。图 7 - 10

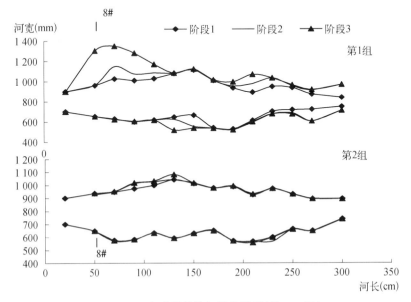

图 7 - 10　各阶段最终河岸位置图(第 1、2 组)

为各阶段最终的河岸位置图。

7.3.3　流量过程对河型的影响分析

7.3.3.1　不同流量的造床作用

水流是造床的主体,流量越大,水流的质量和能量就越大,造床能力越强。不同流量造床作用的不同,是流量过程影响河型的根本原因。

(1) 原始河槽上的造床作用

试验表明,流量过程不同导致第1组和第2组试验河型不同的起点是在第1阶段:不同流量在同一原始河槽上塑造河道的特征形态不同。

1和2、5和6、7和8三对试验除流量过程外,其余试验条件均相同,分别对比两者的第1阶段最终河道形态,可以看出初始河槽下不同流量的造床区别(表7-1)。

外观形态上,大流量河道河宽大,过水断面增加,相应的宽深比值较小,河道整体趋于宽浅。从水流特性上,大流量河道河床内成型淤积体多而复杂,水流散乱不定;小流量河槽水流易发生归槽和出现深泓。总体而言,当流量过程为"大小大"时,大流量塑造的河槽,小流量较难显著改变,而且这种改变在随后大流量阶段中很难保持,因而经历一个不同流量过程后,河道形态变化较小。而小流量塑造的河槽很容易被大流量改造,这种改造往往能在此后小流量阶段得以保持,因而"小大小"流量过程时,河道形态变化显著。值得注意的是,尽管小流量河槽平面上的展宽往往为大流量河槽所覆盖;小流量的深切,包括其深泓特征,在接下来的大流量阶段中保持了自己的特性,并在第3阶段体现出来。

这种河道条件相同,因流量不同而形成河槽特征形态和水流结构不一致的情况,在试验中较为普遍。根据试验过程和结果,我们认为可能是由如下原因决定的:

1) 河床可动性的差异。河床可动性与河床周界条件(试验中表现为河床组成)、河道比降以及来水来沙条件有关。尹学良[6]提出河床可动性表达式:

$$Z = \frac{\rho}{\rho_s - \rho} \frac{J}{d} (QT)^{1/3} \qquad (7-1)$$

式中 ρ、ρ_s 分别为水及泥沙的比重,d 为河床泥沙粒径,含有黏性土时应考虑黏性的影响,J 为比降,Q、T 分别为该流量级的大小及历时。在相同的河道条件下,河床可动性与 Q 直接相关。不同流量下河床可动性的差异,是产生不同的河槽特征形态和水流结构的主要原因。

2) 大小流量应力分布的不均匀。由水力学知识,河道切应力 τ 与水力半径以及比降相关,表达式为:

$$\tau = \gamma R J \qquad\qquad (7-2)$$

流量大小的差异,导致了水力半径和水面比降的变化,从而引起切应力的底部和边界的不均衡。设计的原始河槽断面增大了这种趋势,原始河槽中 $1.5\ \mathrm{m^3/h}$ 为满槽流量,$0.75\ \mathrm{m^3/h}$ 为半槽流量,槽蓄量的不同,水流的应力分布也不同。大流量应力主要体现在边壁切力上,河道发育以侧蚀为主;小流量底部切力相对较强,河道以深蚀为主。

(2) 大流量阶段在河型转化中的作用

在 5 个流量过程为"小大小"的试验中,第 1 阶段结束时河道的抗冲覆盖层已基本形成,河流已达到初步的动态平衡。大流量的出现改变了这种动态平衡。一次大流量阶段之后,各河道均发生了较显著的河床变化,第 1 组甚至出现河型转化。

大流量阶段的造床作用首先与流量变幅即大小流量的比例有关。流量变幅越大,造床能力差异增大,河道变化加剧;河道过水断面面积增加,不同阶段河道平面形态上变幅增加。天然沙试验中流量变幅(100%)较模型沙试验流量变幅(50%)大,河道变化速度与影响范围也显著增加。

大流量对河型的影响是通过河槽的束缚作用间接实现的。在"小大小"的流量过程中,经历一段时间的大流量阶段后,流量恢复为小流量,此时大流量阶段的影响主要通过其塑造的河槽实现。5 个试验第 1 阶段完成时,水流条件与河道条件已达到了协调,即动态平衡。大流量的出现,或者直接改变河床,使河槽形态发生变化;或者通过搬运、侵蚀、浸润使得河槽的物理形态和应力结构发生改变,从而打破这种动态平衡。在第 3 阶段水流重新变为小流量,水流和新的河槽之间又重新开始适应和不适应的协调过程,在这个过程中河型转化就有可能发生。

试验中大流量对河床的改造首先体现在深泓的改变中。由于试验河道条

件的限制,试验中大流量阶段并没有形成曲流,甚至有的河段水流游荡,没有
完整的深泓线;但普遍存在主流和深泓区。图 7 - 11 是试验 1、3、5 三组次的
河道最终横断面形态,由图可见深泓位置的变化。

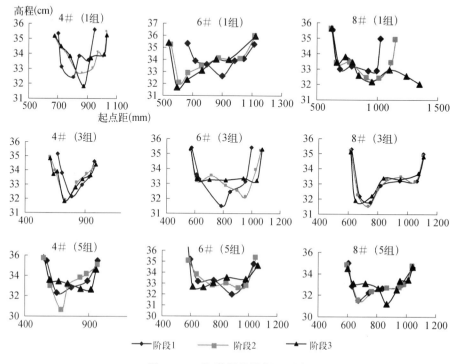

图 7 - 11　河道最终横断面形态

流量减小后,水流归槽,河道平面形态发生较大变化,有的甚至出现河型
转化,具有较典型的曲流特征(第 1 组)。大流量阶段为河流的再造床提供了
推动力,主流的出现、小流量的归槽使河道形态的变化成为可能。此后小流量
阶段水流归槽之后河型的发展变化,还有赖于水流和河槽的关系。

7.3.3.2　水流和河槽的相互作用

水流和河槽的关系具有两面性:一方面,水流塑造河槽;另一方面,河槽
的存在对水流有束缚作用。两者的主次关系不是确切不变的,当河槽的稳定
性强、水流造床能力较小时,束缚作用也可能居于主导地位。

在本试验研究中,水流和河槽的关系主要表现在三个时期:(1)初始河槽
上不同水流造床作用的差异;(2)大流量阶段水流对河槽的再塑造过程;

（3）第 3 阶段水流与河槽束缚与塑造的过程。其中第 3 阶段现象最为典型，河道形态的变化也最剧烈。

（1）河床组成条件的影响

由于试验河槽在均匀试验沙体中发育，河床边界条件主要由试验沙本身的性质决定。5 组"小大小"试验中，第 3 阶段，即大流量塑造后的小流量阶段，随着河床组成的不同，水流和河槽的关系表现为如下三种（如图 7-12）：

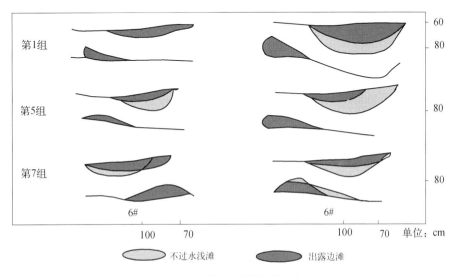

图 7-12　第 3 阶段河道变化

1）河槽对水流束缚作用为主，小流量下河槽变化不显著，如第 5 组；

2）河槽对水流有束缚，小流量下河槽在该阶段初始河道基础上发展，如第 1 组；

3）水流的造床作用为主，初始河槽几乎完全被小流量破坏，如第 7 组。

由图可知，随着泥沙中值粒径的增加，河槽稳定性增加，河槽对水流的束缚作用相应加强，小流量对河槽的再造床作用也相应减小。第 5 组河床组成最粗，第 3 阶段河道变化较小；第 7 组河床稳定性最差，大流量阶段塑造的河槽几乎被完全改造。

河槽对水流的约束直接决定流量过程对河道形态的影响程度：水流造床为主，不同流量过程下河道形态变化较小；河槽束缚为主，河道形态的变化主要发生在大流量阶段，而由于较强的河床稳定性，大流量阶段河床的变化也较小；仅河槽与水流束缚与塑造同时存在时，河道形态发生较大变化，此时河型转化才可能出现。

(2) 河床比降的影响

河床比降的不同决定了水流能量条件的不同,从而必然引起河道演变的差异。试验1、3、5三组次河道边界组成、流量过程均相同,比降分别为1.0‰、0.6‰、1.5‰,比降不同,流量过程导致的河道变化也存在差异(图7-12)。

对比第1组,当河床比降较小时(0.6‰),流量过程对各阶段河道形态的改变较小。河床比降为1.5‰时,第1、3阶段相比较,主流位置发生了改变,部分河岸因迎流冲刷而后退,但整体河道变化不如第1组显著。

河床比降的影响较为复杂。一方面,河床比降增大,水流能量增加,造床能力加强,相应地,河槽稳定性变小、可动性增大,流量过程对河型变化的影响增加;另一方面,河流动力学原理和前人的研究[2,3]均表明,随着河床比降的增加,水流的能量不断增大,河型有一个从顺直到弯曲再到游荡的趋势过程,在这个过程中,水流的应力分布和水流结构也发生改变,此时流量变化对河槽变化的影响程度也相应改变。如比降增加到1.5‰时,大流量阶段河槽游荡性增加,深泓显著性减弱,此后小流量阶段归槽不完全,整体河道变化减小。

综上所述,试验结果表明,流量过程是影响河道形态的一个重要因素。不同的流量过程塑造的河道形态不同。在相同的河床条件下,大、小流量的造床能力不同;流量不同,塑造的河槽特征形态和水流结构可能不同。大、小流量在原始河槽上造床作用的差异是流量过程对河型影响的起点。流量过程中大流量阶段的作用影响显著。大流量阶段破坏并改造河槽,决定下阶段的河道形态。条件适当时,大流量之后流量减小、水流归槽,可能发生河型转化,形成较典型的曲流。

流量过程对河型的影响取决于水流和河槽的相互关系。河床组成条件和河道比降改变时,不同的流量过程引发不同的河道形态变化。只改变流量过程较难出现河型转化,仅水流和河槽关系达到协调时出现;不同的河道条件下,流量过程对河型的影响程度不同。

7.4　入流角存在时的河型过程与结果

河道水流是非恒定、非均匀的,因此河道水流与河槽之间必然存在着不相适应和适应的变化。而河道入流主流向与河槽主轴线(其夹角即为入流角)也在不重合和重合之间变化。修建水利工程后下游河流的再造床过程中,水流条件甚至来水过程的改变都有可能引起入流角的变化。

冲积河流的弯道很少单个河湾地存在,而往往呈现一个连一个的系列弯道形式,互相作用,互相影响,如 Prus-Chcinski[12]认为:"一个河湾的存在不仅决定于该河湾的河道及水流特征,而且也决定于上下一系列的河湾,包括进口条件和过去的水流状况。"

本节我们在分析河流再造床入流角变化的基础上,通过水槽试验研究入流角存在时河型的过程和结果。

7.4.1　天然河流下的水流摆动

入流角在天然河流产生的原因很多,最常见的就是特征流量的改变。天然水流都有弯曲的趋势,不仅有科氏力的影响,水动力条件本身的作用也是原因之一。水流的弯曲引起了两个弯曲形态:水流(水动力轴线)弯曲形态和河道弯曲形态(图 7‐13)。

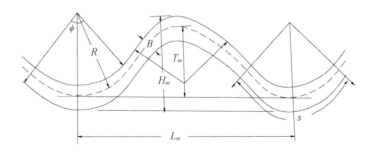

图 7‐13　弯道基本要素

对于水流弯曲形态,张笃敬[13]运用上下荆江各河湾实测资料,经过相关分析,得到荆江河湾主流线弯曲半径的经验关系式:

$$R_f = 0.26R^{0.73}(QH^{2/3}J^{1/2})^{0.23} \tag{7-3}$$

对于河道弯曲形态,欧阳履泰[14]在一般的力学原理基础上认为河曲的发育和稳定与运动水体的切向惯性力 $\vec{F} = \rho Q \vec{V} \cos\theta$ 有关。并根据水流阻力曼宁公式及连续运动原理,认为曲率半径 R 由反映水流动量的流量 Q 和比降 J 决定。并结合部分弯曲河段的实测资料,得出了曲率半径 R 与流量、比降的经验关系:

$$R = 48.1 \, (QJ^{1/2})^{0.83} \qquad\qquad (7-4)$$

我们[15]更在前人表述的基础上,提出了最佳弯道形态概念,认为一定的水流、河床条件对应一种确定的弯道形态,明确了最佳弯道形态的概念:在自然条件下,弯道是不断发展的,河床形态也在经常变化,但是在河湾的发展过程中,具有某种形态的河湾却有相对的稳定性,它和其他形态的河湾比起来具有更多的出现机会,出现以后维持的时间也较长。这种河湾不仅变化小,河床形态也比较规则,水流平顺,滩槽水位差比较小。这种弯道形态在河道整治中常常被人们用来作为整治的典范,我们称之为河道最佳弯道形态。

从宏观、地貌角度看,天然平衡河道的河道弯曲形态与特征水流弯曲形态是一致的、协调的,即河道处于最佳弯道形态,处于较长时间的相对稳定中。水库兴建后的河流再造床过程中,来水过程调平、河道比降调平、河床组成粗化,引起特征水流改变的同时引起了河道条件的变化,打破了水流弯曲形态和河道弯曲形态的协调,引起了河道最佳弯道形态的变化的同时,出现了入流角的变化。水库下游河流再造床过程中最佳弯道形态的重新获得,往往伴随着剧烈的撇弯切滩现象甚至河型转化[16]。

从微观和工程的角度看,天然径流是变化的、不均衡的,洪枯水期的流量变化往往在十倍甚至百倍之多,河道弯道形态的变化远远滞后于水流弯道的变化,此时河道平衡被打破,入流角产生。影响航道条件的航槽年内摆动现象,与这种河道的自调整过程是有很大关联的。

除径流条件的改变外,上下游河道的变化如河道整治工程、天然、人工裁弯等也将引起入流角的变化和河道的重新调整。研究不同入流角下河型尤其是曲流的过程与结果,是兼具理论意义和工程价值的。

7.4.2　试验现象及机理分析

试验中我们在河道入口处设置挑流板而获得不同的入流角。试验为清水试验,自由造床。

7.4.2.1　不同入流角曲流形成过程

试验资料表明:

(1)如果入流角为0,即河道入流主流向与河槽主轴线重合,一般不会形成带有明显曲流特征的河槽。如 B7 - 1 测次中，入流角为 0，虽然河床塑造时间为 100 小时，但直到试验结束时，河槽边线比较顺直，没有边滩出现，水流散乱，没有形成明显的主槽，也没有形成具有明显曲流特征的河槽。

　　（2）当入流角大于 0 时，即河道入流主流向与河槽主轴线有夹角时，在河床组成、比降和流量比较有利的条件下，可以形成具有明显曲流特征的河槽。如果河床组成、比降、流量条件改变，则将形成曲流特征显著程度不同的河槽，甚至不能形成带有曲流特征的河槽。

　　在试验组次范围内，当入流角为 30 度、流量为 0.75 m^3/h、河床由 $d_{50} = 0.095\ mm$ 的颗粒组成时，变化不同的比降，经过 200 余小时的塑造，都形成了具有明显边滩、河道主流弯曲的曲流。其中以比降为 0.1% 的 B8 - 2 测次形成的河槽的曲流特征最明显（见图 7 - 14）。

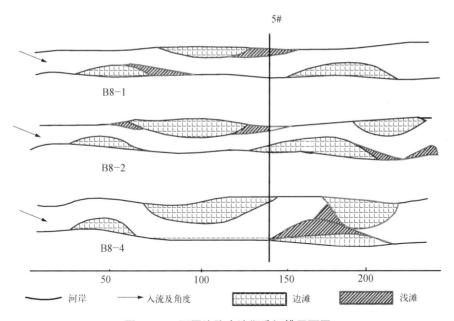

图 7 - 14　不同比降水流塑造河槽平面图

　　B7 - 2 和 B7 - 3 测次采用了粒径较粗的试验沙，虽然流量和比降较大，入流角最大达到 45 度，但除了入口段水流顶冲处形成三角形冲击面外，其下游河道基本保持了顺直，河岸变幅小，无边滩出现。

　　（3）相同入流角条件下，不同比降、不同河床组成最终形成的河槽曲流的显著程度不同。

B8-1 到 B8-4 四个测次的入流角、流量、河床组成相同,比降从 0.3‰到 2‰,其形成河槽的曲流特征也不相同。图 7-15 给出了 B8-2 和 B8-3 两个测次深泓线的沿程变化。图中反映出 B8-2 测次的深泓线摆动范围大于 B8-3测次。表 7-2 给出了 B8-1 到 B8-4 测次最终形成相对稳定的曲流后最小宽深比的大小。

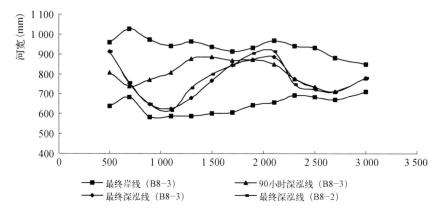

图 7-15 深泓线位置

表 7-2 不同比降形成曲流的代表断面(5♯)的宽深比

测 次	B8-1	B8-2	B8-3	B8-4
比降(‰)	0.6	1.0	1.5	2.0
平均水深(cm)	0.82	1.03	0.98	0.79
宽深比	49.3	36.4	38.6	58.0

7.4.2.2 入流角对曲流形成过程的作用机理

水流从塑造的初始河槽经导流板调整进入河槽后,由于入流角大于 0,因此水流不再沿河槽的轴向流动,而是斜向顶冲初始河槽的边岸,水流河岸受到水流的顶冲冲刷后开始崩塌;另一方面,水流由于河岸的挑流作用折返冲向下游对岸。这样,一方面水流是从上游向下游流动,同时又有横向的折冲往返,便形成了环流。

河槽边岸因冲刷而崩塌下来的泥沙一部分直接被水流携带,以悬移质的方式输移;一部分泥沙随水流做推移质运动,最主要的是,由于环流的存在,必然产生横向的输沙,即弯道处底部泥沙从凹岸向凸岸运动,因此河槽边岸坍塌的部位不能形成稳定的坡角,继续崩塌后退,使水流更加弯曲。

　　由于边岸的挑流作用,水流来回摆动,螺旋前进,被顶冲部位不断后退,主流逐渐呈弯曲状态,初始河槽也逐渐变得较宽,主流在河槽中不断调整,逐渐形成新的主河槽和基本不过水甚至出露水面的边滩(洲)。

　　试验中曲流的发育是自上而下的。虽然流量、比降保持不变,由于泥沙的输移,河槽边岸不断崩退,导致下游河岸迎流顶冲的位置也不断发生相应的变化。当上游的主流位置变化时,下游的滩槽位置也将发生改变。随着上游主流、滩槽关系的固定,下游的主流、滩槽关系也慢慢调整,逐渐稳定。河流最终形成一稳定"S"形主河槽。如 B8‐2 测次,试验开始之后,模型河流上下游都发生变化;随着试验的进行,上游河段渐渐趋于稳定,但下游河段仍在不断变化中:试验进行到 90 小时,下游主流还是靠近右岸,左边靠岸位置有较大面积的边滩(见图 7‐16);90 小时以后,下游主流逐渐向左岸发展并最终靠向左岸,边滩被切割并逐渐与右岸连为一体。整个河段主流最终在约 120 小时时形成一"S"型主河槽。"S"型主河槽基本形成之后,整个试验河流的形态,包括主流、边滩、深泓的相对位置均较稳定,在此后约 80 小时的试验中,不再发生改变。

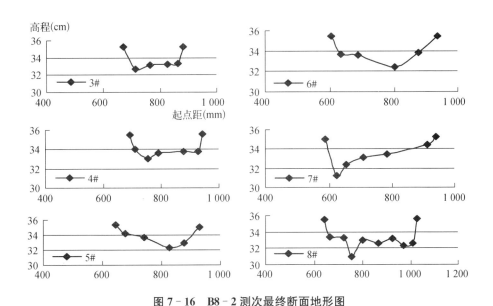

图 7‐16　B8‐2 测次最终断面地形图

7.4.2.3　其他因素对曲流形成影响的分析

　　在试验组次范围内,除 B7‐1 测次外,其他测次的入流角均大于 0,最终形成的稳定河槽也具有不同程度的曲流特征,正如前面分析的,即使是入流角完全相同的 B8-1 到 B8-4 测次,所形成的稳定河槽的曲流特征也是不同的,这说明河床组成、比降等因素对曲流的形成也起着非常重要的作用。

(1) 河床组成的影响

决定河道演变的三个主要因素即上游来水来沙条件、下游侵蚀基准面和本河段河床边界条件中,河床边界条件就包括河床组成。河床组成决定河床、河岸的稳定性。由于我们使用的试验沙为无黏性沙,所以河床河岸的稳定采用下面的稳定系数表达:

$$\varphi_h = \frac{d}{J} \qquad (7-5)$$

式中 d 为组成河床泥沙的粒径,J 为河道比降。

如果河道的比降相等,那么组成粗的河床的稳定性比组成细的河床的稳定性好。在相同的水流条件下,稳定性好的河床参与运动的泥沙颗粒少,而稳定性低的河床参与运动的泥沙颗粒多,这样,前者弯道环流作用下凹岸崩退、凸岸淤长较后者要弱多,甚至不能向弯曲方向发展。

B7-2、B7-3 测次中,河床由 $d=0.42$ mm 的粗颗粒组成,其河床稳定性是由 $d=0.095$ mm 颗粒组成的河床的稳定性的约 5 倍。试验中河槽入口处水流侧向冲刷作用几乎为 0,水流迅速被河槽边岸调整,成为顺直的水流。

(2) 河段比降的影响

从河床稳定系数表达式可以看出,比降的变化将改变河床的稳定性,即在流量、河床组成等相同的条件下,弯道环流的输沙强度和作用结果也必然不同。

当比降很小时,由于河床的稳定性高,水流输沙和环流作用下弯道的发展非常弱,此时入流角的影响很小;当比降很大时,由于河床、河岸的稳定性很低,大量的泥沙参与运动,主流摆动频繁,这时很容易形成带有游荡特征的宽浅且主流不明显的河道;只有在比降合适的条件下,河床河岸在环流作用下既有泥沙的纵向输移,也有泥沙的横向运动,才可能形成稳定的曲流。

在 B8-1 到 B8-4 四个测次中,当比降 $J \leqslant 0.3‰$ 时,一般不能形成具有明显曲流特征的河槽,仅河槽边界是弯曲的;当比降 $J \geqslant 2.0‰$ 时,虽也能形成具有明显弯曲特征的曲流,但局部河段的主流便有些散乱,水流归槽现象不明显,滩槽也不甚分明,这些部位已经不属于曲流的范畴。

综上所述,当河床组成、比降一定时,合适的入流角直接导致了环流的产生,并由此产生泥沙的纵横向运动,因此入流角对曲流的形成有着显著的影响。同时入流角对曲流形成影响的程度还取决于河床组成、河段比降等诸多因素。

入流角使水流流速分为横向和纵向流速,水流动量也分为横向动量和纵向动量。试验证明,水流横向和纵向流速、横向和纵向动量之间的关系,将对河道的演变产生显著的影响。

7.5　结论与小结

本章以概化水槽试验为基础,分析和讨论了试验河流造床的一般过程、不同流量过程下河型的过程与结果以及不同入流角存在时河型的过程和结果。结合前人的研究成果,经过多条件、多组次的概化试验表明:

(1) 河流的发育有一个逐渐达到稳定的发展过程。在试验清水造床河道有一个由快变缓的调整过程,最终结果是抗冲覆盖层的形成或者水面比降的调平。

(2) 河流的造床过程中有水流弯曲、形成曲流的趋势;这一趋势是由科氏力和紊流的自身特性决定的,与边界条件无关。不同的边界条件限制了水流弯曲的规模和大小,决定了河型变化过程和最终形态。

(3) 在松散沙体组成的试验河槽中,水流的发育普遍要经历顺直、弯曲最后到游荡的发育过程;条件适当时,可能形成顺直和弯曲型河流。

(4) 沙波、沙纹等成型淤积体的形态对河流的发育形态有重大的影响,边滩的存在与维持直接决定了河流的弯曲或游荡河型。

(5) 不同的流量过程有不同的河型过程。流量过程对河型的影响取决于水流和河槽的相互关系。河床组成条件和河道比降改变时,不同的流量过程引发不同的河道形态变化。只改变流量过程较难出现河型转化,仅水流和河槽关系达到协调时出现;不同的河道条件下,流量过程对河型的影响程度不同。

(6) 入流角的存在将显著增强河流的弯曲趋势,促进河流弯道的发育;但其形成和发育与具体河道边界条件有关;在条件适当时,入流角的存在能促成弯道的形成。

第 8 章

河流再造床河型结果的试验研究

　　河流条件的改变引起了河流的再造床；河流的自调整作用使得经历适当的时期后，河流重新达到一种相对的动态平衡。这种经自调整后达到的动态平衡状态，即为河流再造床的结果。河型的结果不同，外表特征、演变规律也不相同，对人类生活生产的影响也不一致。对河流再造床河型结果的准确预测，是认识和改造河流的基础，也是众多地貌学家和水利工程师长久以来的研究目标。本章在前人研究的基础上，通过不同条件的试验研究，对河流再造床河型的结果作了分析和探讨。

8.1　概述

　　与河型过程一样，河流再造床河型的结果也对河流系统自身、人类生活和生产产生影响。当河流向不同外观形态和演变规律的另一种河流形态转化时，有时会对河势的稳定和人类经济活动产生有利的变化，如丹江口水库兴建后汉江中游游荡河型向单一弯曲河型的转化；而大规模的河型变化往往可能带来河势控制、防洪、航运、灌溉取水方面的灾难性后果。此时，人们迫切需要对河流再造床结果的科学预测和控制。

　　河流最终河型是多种因素共同作用下的结果，这些因素既相互联系，又有相对的主次之分，不同因素变化后河型的相应演变结果是不尽相同的。关于河型结果的研究，有不同的出发点，也有不同的成果，大致有如下几类[1]：

　　(1) 从河道边界条件出发。这里的河床边界，主要指河道比降、侵蚀基准点等纵向边界条件。支持这一观点的学者比较多，如 Leopold[2]、Schumm[3] 等提出的河型与比降的关系，认为比降的大小是造成河型是顺直、弯曲还是分汊的主要原因，Schumm 通过试验改变比降获得了不同河型，并由此提出了地貌临界假说。

（2）从河床组成条件出发。唐日长[4]等经过统计多条弯曲河流认为，二元结构（黏土和沙）的河床组成是形成弯曲型河流的重要原因，并成功地在二元结构河槽中实现了弯曲河流的模拟。众多的水槽试验中，除深泓弯曲的"伪弯曲河流"外，真正意义上的弯曲河流都发生在二元结构或者黏性极强的模型沙河槽中，如尹学良[5]、Schumm[6]和 Smith[7]等。

（3）从河道形态出发。如齐璞[8]认为能否形成窄深结构是构成弯曲河流的主要原因，并具体举了渭河下游的例子。

（4）从地壳运动出发。较多的是地理学家的观点，如中科院地理所关于不同构造运动方式影响河道的试验[9]。

（5）从水动力学出发。前文我们所讨论的入流角对曲流的影响即为此类[10]。不同的水动力学条件，是引起河型变化的一个重要原因。

（6）从来水来沙条件出发。

以上六种观点，都有其理论和天然河流实际的支持。但另一方面，每一种观点同时也不是无懈可击的。如许多学者根据 Leopold 等提出的河型与比降的关系，认为比降的大小是造成河型是顺直、弯曲还是分汊的主要原因，这个观点在许多河流上解释不通，如黄河、永定河的多汊游荡，如果说是因为比降大造成的结果，则让其比降减少能否变成单股迂回？肯定是不可能的。还有观点认为河道的组成决定河型，如二元结构决定弯曲河型；而尹学良[11-13]认为河床边界组成是河型的结果，而非河型的成因，并具体举例了下荆江河段，没有哪个地方的原有土质不被河道破坏、重建过；还有黄河的例子，黄河夺淮入海，很快把单股窄深、二元结构明显的淮河，改造成了多股宽浅、土质松散的黄河；1946 年花园口堵复，黄河离开黄泛区，河流又变成了单股窄深，土质恢复二元结构。至于尹学良自己提出的"水沙条件决定河型理论"，也引起了很大争论，如武汉水利电力学院[14]认为来水来沙条件只对河型起促进作用，不起决定作用，钱宁也有类似的观点，但认为流域来沙量尤其是其中的床沙质沙量也具有主要作用[15]。从直观角度讲，若河型由来水来沙条件决定，则很难解释同一河流不同河段存在不同河型的这一现实。如汉江中下游，丹江口水库兴建前在水沙条件相近时襄阳—钟祥河段发育成游荡河型，而钟祥以下为弯曲河型。

随着认识的不断深入，人们将不同河型的成因归结为多种因素综合作用的结果。如目前普遍认为辫状河流形成的原因为较大的比降、松散的河床组成和较多的床沙质输入。

在河型成因及其转化的概化水槽试验中,我们意识到,确定的河型的存在是一定因素决定的结果,而这些决定因素对河型的影响程度并不一致。下面我们结合水槽试验以及前人的研究成果,对不同因素下河型结果进行研究和探讨。

8.2　试验河道一般发育结果

上一章介绍了不同试验河流的一般发育历程,并强调了成型淤积体以及边滩发育在最终河型中的作用与意义。本节结合多组顺直入流、清水自由造床的试验实际,着重分析试验河流的一般发育结果。

8.2.1　试验河流的平衡状态：抗冲覆盖层的形成或河道的平行下切

在试验范围内,水流进入河槽,开始自由造床后,河槽变化剧烈,平面快速展宽,纵向下切,边滩和深槽形成。随着时间的延续,河流变化速度变缓,并最终趋于平衡。

图 8-1 为试验 A3-1-1 的河槽岸线变化图。由图可见,随着时间的推移,河道展宽速度逐渐变缓,最终趋于平衡。河流平面展宽趋于停止的一个主要原因是随河道的展宽,水流分散、单宽流量减小,对河岸的冲刷侵蚀能力减弱,河岸的相对稳定性增强。值得注意的是,在清水造床条件下,河流的最终趋于稳定是大致的、相对性的,即使在达到趋于稳定状态之后,河槽局部还是会发生缓慢变化,水流对河岸的侵蚀几乎是永不终止的。

8.2.1.1　抗冲覆盖层的形成

当河床组成物质为比重较大、粒径组成较不均匀的天然沙或煤粉时,经历较长的自动调整过程后,河道平面上表现河道展宽、河岸相对稳定性增强;纵向上表现为河道水面比降调平较小,河床粗化,导致河床相对稳定性增强,最终趋于稳定。表 8-1 为不同试验河流初始与最终时刻水面比降与床沙中径的对比,其中最终床沙中径为 6♯断面河床取样。由表可见,在多数试验中,水

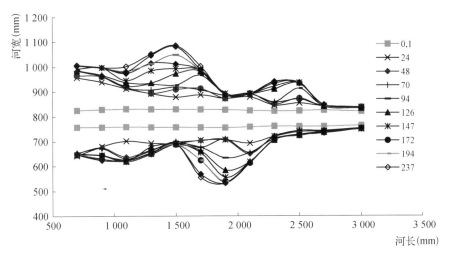

图 8-1　试验 A3-1-1 的河槽岸线变化图(单位：小时)

面比降调平较小,甚至出现水面比降增加的情况,此时,河床最终稳定的主要原因为抗冲覆盖层的形成。

表 8-1　试验河流初始与最终时刻水面比降与床沙中径的对比

试验组次	A5-1-1		A6-1-1		A7-1-1		A4-1-3	
	初始	最终	初始	最终	初始	最终	初始	最终
水面比降(‰)	1.62	1.58	1.71	1.58	1.65	1.67	1.10	1.08
床沙中径(mm)	0.095	0.13	0.42	0.69	0.67	0.67	1.5	1.78

8.2.1.2　溯源冲刷

与天然沙和煤粉相比,由于塑料沙较小的比重,河道变化更加迅速和剧烈。河道塑造的时间显著缩短,试验周期也大为简缩。通常试验开始几分钟内,河道就开始弯曲;随着时间的推移,河道蜿蜒的快速发展,经过不断的冲刷边滩和裁弯取直,河道下游开始展现典型的游荡特性,并随着时间的推移,游荡特性逐渐向上游发展;并出现强烈的溯源冲刷。当河床组成为比重最小的白色塑料沙(密度为 1 050 kg/m³)时,随着试验时间的推移,游荡河段有向上游发展的趋势。直至溯源冲刷到河道入口控制点,河道比降变缓,水流方趋稳定。图 8-2 是试验 A1-2-1 的溯源冲刷状态图。塑料沙 B、C 比重相对较大,溯源冲刷远不如试验 A1-2-1 明显;在溯源冲刷、水面比降调平的同时,河道通过展宽消能。图 8-3 为试验 A3-1-1 的最终河床形态图。

图 8-2　试验 A1-2-1 溯源冲刷状态图

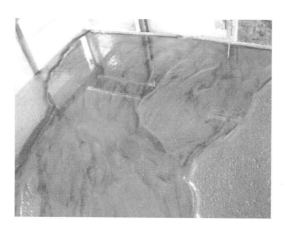

图 8-3　试验 A3-1-1 最终河道形态图

8.2.2　试验河流的最终形态

试验表明,当河床组成为较均匀的松散模型沙时,由顺直入流的均匀清水造床,河道最终形态随河床组成、比降的不同而变化。

8.2.2.1　顺直河型

天然沙 G 粒径较大,组成的河床河岸稳定性较强。在试验范围内,河道变化较小,呈现出顺直河流形态(图 8‑4),此时形态更多的是初始河槽形态的影响,而非河流自由造床的结果。

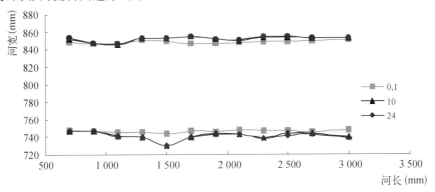

图 8‑4　试验 A7‑4‑4 河槽岸线变化(单位:小时)

8.2.2.2　顺直微弯形

当经历长时间的试验,河道平面展宽非常缓慢(≤0.1mm/h)时,天然沙 E、F 和煤粉组成的河道最终外形微呈喇叭状:上游较窄,下游展宽。下游展宽河道水流散乱。据比降、流量的不同,下游水流散乱幅度不同。由于具有较稳定的犬牙交错的河岸的存在,外形上此类河流可勉强归类为顺直微弯型。但水流特征随比降的变化,分别具有较强或较弱的游荡和弯曲特性。在泥沙密度较小的 E 和煤粉河床表现得更为突出。图 8‑5 为试验乙 A8‑1‑1 的最终河槽形态图。

图 8‑5　试验乙 A8‑1‑1 最终河槽形态图

8.2.2.3 游荡河型

图 8-6 为试验 A1-2-3 和 A2-2-3 最终河道形态图,对于塑料沙河床,由于边滩的不稳定和不断切割,河道下游水流散乱不定,具有典型的游荡河流特性。

图 8-6 试验 A1-2-3 和 A2-2-3 最终河道形态图

8.3 不同纵向边界条件下的河型结果

河段水流的总能量取决于两个方面:来水的动能和河段比降。当河流来水条件确定时,河道水流运动的临界底坡 i_k 也就确定,其关系式为 $i_k = \dfrac{Q^2}{K_k^2}$,式中 Q 为来流量,K_k 是由河道周界条件决定的系数。河段比降 J 与临界底坡 i_k 的关系,可有三种情况:

(1) $J = i_k$,此时河道水流作均匀流,河段比降即为临界底坡;

(2) $J < i_k$,此时河道水流作均匀流时,属于缓流,河段比降可称为缓坡;

(3) $J > i_k$,此时河道水流作均匀流时,属于急流,河段比降为陡坡。

可见,河段比降对水流运动特性影响十分明显。当河段比降为陡坡时,水流呈急流状态,具有强大的冲刷河床和搬运泥沙的能力,造床作用强大,河流演变快速多变。

在试验中,比降同时也反映了侵蚀基准点的影响:由于水槽的进出口断面被固定,因此水槽比降的改变等同于侵蚀基准点的变化。对于这里所述的比降,主要是由试验水槽进出口控制点的高程差决定的,即河谷比降。

8.3.1　比降变化引起的河道形态变化

试验中涉及了两种比降:河谷比降和水面比降。前者系指入口和出口的底槛高程差与河槽长度的比值;后者为进出口断面的水面高程差与河槽长度的比值。河谷比降更多地代表了河槽的初始边界条件,在本试验中是固定不变的;水面比降是河流调整的结果,随着河型变化的过程,水面比降也在不断变化。水面比降是反映水流能耗的一种重要指标,根据水面比降以及进出口断面流速的差值,可以计算全河段水流能耗。

基础试验中试验沙为 D 和 E 的系列包括比降集中在 0.3‰到 3.0‰之间的多个试验测次。比较相同河床组成和流量下,不同比降的各个测次的河道形态,有利于得出比降变化对河道形态的影响。

8.3.1.1　平面形态变化

图 8-7 为多个测次的河床边界对比。由图可见,随着比降的增加,河道有逐渐展宽的趋势,同时河岸边界也有由大体顺直变成微弯和凹凸不平的趋势。

第 12 组(A5-12)包括不同比降四个测次的试验,由于是连续试验,且河道发育是清水造床,冲刷为主,故随着试验的进行,河岸边界整体后退。前三个测次河谷比降依次减小,最终河岸线变化缓慢;12-4(A5-12-4)测次比降大大增大(由 0.6‰剧增到 3‰),水流水动力轴线进一步弯曲,在凹岸有大幅度的冲刷,河槽因而发生较大程度的展宽(图 8-8)。

总体而言,随着比降的增大,河槽的边界线变化速度加快,河岸线弯曲度加大。比降值变化较大时,上述规律更加明显。

8.3.1.2　横断面形态变化

图 8-9(1)、(2)分别给出了第一组(A5-1,试验沙 E)不同比降各测次 3♯、6♯断面的横断面图。

由图可以得出:同样河床组成下,随着比降的增大,河槽的最大深度变小,河道变得更宽浅,尤其 6♯断面表现较明显。

表 8-2 给出了不同比降下河道宽深比的试验结果,由表可知:除了进口附近的部分断面外,随着比降的增大,河床断面宽深比 $\dfrac{\sqrt{B}}{H}$ 增大,河床有向宽

浅河道发展的趋势。当比降增加一倍时,宽深比最大增幅约 10%。

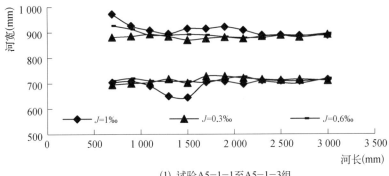

(1) 试验A5-1-1至A5-1-3组

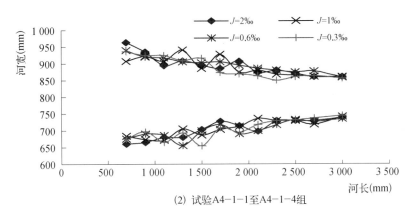

(2) 试验A4-1-1至A4-1-4组

图 8-7 各测次最终河岸线对比

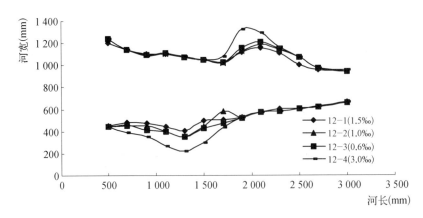

图 8-8 不同比降下河岸对比(A5-12)

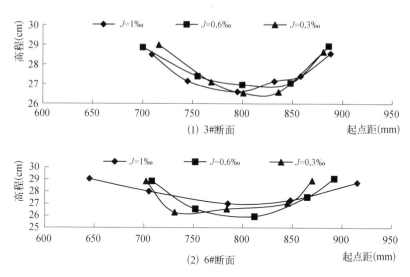

图 8‑9　不同比降断面形态对比(A5‑1)

表 8‑2　不同比降的断面宽深比

断 面	D1(d_{50}=0.49 mm)			D2(d_{50}=0.095)			
	J=0.3‰	J=0.6‰	J=1.0‰	J=0.3‰	J=0.6‰	J=1.0‰	J=2.0‰
CS‑2	11.10	10.54	8.56	6.53	10.63	15.84	7.01
CS‑3	9.31	8.91	8.93	14.32	11.73	20.61	10.98
CS‑3+	9.29	9.24	6.33	19.92	12.08	16.90	11.66
CS‑4	8.33	8.53	8.32	15.33	15.41	16.33	13.38
CS‑4+	6.90	7.09	8.31	11.42	13.60	11.82	6.83
CS‑5	8.04	8.57	8.82	14.96	11.21	19.71	14.24
CS‑5+	6.38	6.64	10.16	10.51	11.81	17.98	13.65
CS‑6	6.97	7.40	16.64	10.54	13.63	11.19	10.22
CS‑6+	6.58	7.27	11.59	10.62	15.76	18.49	14.30
CS‑7	6.78	7.54	11.32	11.88	13.81	13.92	12.49
CS‑7+	8.62	9.68	10.32	11.49	16.71	14.33	14.26
CS‑8	7.67	8.05	10.31	11.95	15.09	11.41	15.50
平均值	8.00	8.29	9.97	12.46	13.46	15.71	12.04

综上所述,对于比降集中在 0.3‰~3‰的各组试验,随着比降的变化,河道平面形态参数也呈规律性变化。相对河床组成和流量引起的改变,这种规律性是大体上的,并不完全明显而确定,甚至会出现一些偏差。整体而言,当比降变化范围较小时,河道形态对比降变化的敏感性较差。

8.3.1.3　粗沙河道

当模型沙为粒径最粗的天然沙 G 时,河道随比降变化较小,图 8-10 为试验 A7-1-1 组四条模型小河的最终河岸线对比图。由图可见,由于河床组成太粗、河床稳定性过大,当比降由 0.6‰增大到 2‰时,河道岸线依然保持顺直,基本无变化。

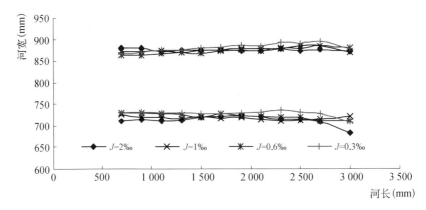

图 8-10　试验 A7-1-1 组各测次最终河岸线对比图

8.3.2　比降变化引起的河型转化

基础试验 13 组(A5-13)研究了比降大幅度变化时的河道形态变化。当河谷比降从 0.3‰逐渐增加到 8.0‰时,河道弯曲性逐渐加强。当河谷比降超过 8.0‰之后,河道归槽现象已相当普遍,河道在弯曲的新河槽内发展,水道弯曲,具有较形象的弯曲外形。此时河道发生河型转化,由顺直河道发展成弯曲河型。

河谷比降超过 1.5%,河道边滩逐渐消失,河槽宽广无定,具有典型的游荡特性。不同河谷比降下的河道平面形态比较以及河槽弯曲度和水流弯曲度的变化见图 8-11。由图可知,随着比降的增加,河道有展宽的趋势,河槽弯曲度与水流弯曲度有增加的趋势。

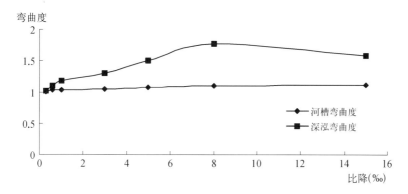

图 8 - 11　河槽弯曲度和深泓弯曲度随比降变化

河型之间的区别和判定,各家有不同的标准。Schumm[6] 以曲率为划分指标,小于 1.1 为顺直型,大于 1.7 为曲流,中间为过渡型(图 8 - 12)。这里我们参照这个标准,插入了趋势线和曲率临界值,得出了不同河型的临界比降。当 $J<1‰$ 时,河道为顺直型;当 $J>8.0‰$ 时,河道转化为弯曲型;当 $J>1.3‰$ 时,河道可视为游荡型。

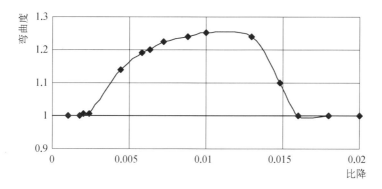

图 8 - 12　Schumm 文中河谷比降与弯曲率之间的关系

应该说明的是,13 组几个测次中河槽的弯曲特性并不显著:河道并没有凹冲凸淤现象,横向环流基本不存在,滩槽分别也不明显。表明只靠调整比降在清水作用下的均匀沙体中塑造典型的曲流是有难度的。

比降是影响河型的一种重要因素。在我们的试验中,几乎每一组试验都包括不同比降的多个测次。结合试验结果,对不同比降下的河型结果进行了讨论。

8.4　不同来沙条件下的河型结果

天然河流的来沙过程对河流的最终河型影响较大。如水库兴建导致下游的河流再造床过程的一个主要原因就是水库拦蓄泥沙，导致下泄水流含沙量减小；较大的床沙质来量，也是促成游荡河型的一个重要因素。我们所进行的所有水槽试验，来沙条件有三种类型：(1) 不加沙，清水冲刷；(2) 加床沙；(3) 加黏性颗粒。试验表明，不同的试验条件时，不同的来沙条件下河流造床的最终结果不同。

8.4.1　清水造床

对于水库下游河流再造床，一个重要的促因就是下泄水流含沙量的减小。对于调蓄能力较强的水库，大部分床沙质和推移质都淤积在库内，下泄水流几乎为清水，如丹江口水库兴建后下泄水流平均含沙量仅 0.03 kg/m³。出于这个考虑，我们大部分的试验组次为清水造床试验；即使是加沙试验，加沙也局限于局部时段，其余时间均为清水造床，这主要是考虑天然河流来沙过程不均匀、来沙主要集中在洪水期的特点而决定的。

8.4.1.1　清水造床时的水流泥沙运动

必须指出，试验中的清水造床并非绝对为清水。由于水流冲刷河床、水流系统的循环使得整个循环系统中的水流均挟带有一定量的泥沙。这部分泥沙主要为冲泻质，含沙量并非恒定，随着河床组成的不同、造床剧烈程度的不同而改变。根据试验中进口水流的采样分析，可见随着试验条件的变化，泥沙含量和粒径也随之改变（表 8 - 3）。由表可见，循环水中泥沙含量小，主要为冲泻质，对水流造床基本不产生影响。

表 8 - 3　不同床沙组成时进口水流含沙量及粒径

床沙类型	E	F	G	A	B
含沙量 (kg/m³)	0.02～ 0.05	0.01～ 0.04	0.01～ 0.06	0.02～ 0.07	0.003～ 0.02
中值粒径 (mm)	0.005 7～ 0.008 4	0.004 3～ 0.008 7	0.005 4～ 0.009 7	0.004 6～ 0.007 8	

　　试验开始之后,水流从河槽冲刷泥沙,除进口断面外,全河段尤其是出口断面均可见泥沙推移运动。这些泥沙的运动,一方面是河流调整的结果;对于下游河道,还充当了来沙条件,引起了河道的淤积变形,进而影响了下游河道的演变和形态。在河流初期的剧烈调整中,河道中的这种泥沙运动极为普遍和明显,常常导致下游河道迅速的滩槽淤积、易位。

　　随着试验的进行,河道逐渐趋于平衡,河道中运动的泥沙逐渐减少,最终几乎为清水状态。图 8-13 为试验乙 A-8-1-1 出口水流含沙量随时间变化情况。由图可见,除在试验初期,因河道变化的不规则,出口水流含沙量有所波动外,含沙量随时间迁延而减少的规律是非常明显的。

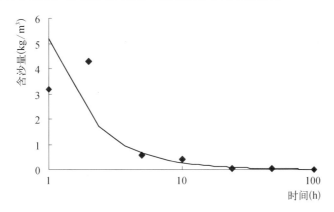

图 8-13　出口水流含沙量随时间变化情况

8.4.1.2　清水造床河型结果

　　不同河床组成、不同比降与流量的多个水槽试验结果表明:在清水造床时,不同的试验条件下,试验小河的最终河型可能为顺直微弯型、弯曲型和游荡(多汊)型。

　　值得注意的是,清水造床形成的各种河型与天然河道中的河型是有所不同的。清水造床最终河床形态稳定,仅因为形成稳固的边滩或较稳定的多汊在外形上呈现出顺直、弯曲或游荡,缺乏边滩平移、弯道蠕动以及散乱多变的动态特征。这一点与某些含沙量极少的天然河流实际也是一致的。如靠近北极附近的河流[15]。

8.4.2　加沙造床

　　试验中采用了两种加沙方式:加床沙和加黏土。前者采用人工加沙的方式,直接在河道入口处加床沙;后者将黏土加入水库、搅拌,增大进口水流的含沙量。不同的加沙方式带来了不同的河型过程和结果。

8.4.2.1 加床沙

加床沙试验共有四个测次。河床组成分别为塑料沙 C(A-3)和天然沙 E (A-5)。相同试验条件下的清水造床河型分别为多汊游荡和深泓弯曲以及顺直微弯带散乱特性。加沙分初始加沙和最终河型加沙两种类型,前者是在河流造床同步加沙,后者是清水造床基本完成后加沙。加入床沙(泥沙为与组成河槽一致的泥沙)。加沙速率约 2.78 g/s~10.3 g/s,人工加沙,加沙时间 30 分钟。

试验表明:

对于最终河型为深泓弯曲的,持续的床沙加入,破坏了原有的水流流态。主槽淤高,边滩变形,滩槽差变小,水流开始散乱。

如最终河型为多汊游荡的 A3-2-1(图 8-14),床沙加入后,河流变化加剧,滩槽转换迅速,水流散乱不定,泥沙输移加大,游荡性增强。

图 8-14 试验 A3-2-1 加沙后游荡性增强

当河流造床初期加入床沙,河流的边滩变化加剧,滩槽的变化和边滩的切割加剧,相对于清水造床试验,河型趋于游荡的趋势增强。

大量的床沙质来沙是促成游荡河型的一个重要原因,这个规律已经得到了广泛的认可。我们的试验也再一次验证了这个规律。

8.4.2.2 加黏土

能否形成稳定的边滩对最终的河型具有重大的意义。前人的造床试验中,或者采用直接人工加固边滩[4],或者通过在来沙中加入黏土[5],通过淤积促进边滩的稳定。试验中我们也进行了加入黏土的尝试。

试验表明:黏土的加入有助于边滩的稳定,边滩的稳定性和持续时间增大。但黏土的加入难以改变边滩的最终消失,因而也难以改变河流的最终河型。

不同的加沙方式表明:床沙的加入有助于游荡河型的形成与发展;黏土的加入有助于边滩稳固,从而促进曲流的发育。

8.5 不同初始河槽形态下的河型结果

河槽形态是不同河型的主要标志之一。河槽形态是河型的结果,是河流适应变化水沙条件的产物,如为适应游荡河型来沙量大的特征,多汊游荡河槽具有多来多排的特点。另一方面,河槽形态在一定程度上制约和决定了河型的结果。渭河下游就是这样一个特殊的例子:该河段具有非常高的含沙量却发育成典型的弯曲河流,研究普遍认为形成高含沙水流是曲流形成的主要原因,而窄深的河槽形态是促成这种现象的一个重要因素。齐璞[8]在此基础上研究认为:无论河流来水来沙条件如何,能形成稳定的窄深河槽就能形成曲流。

在上一章流量过程对河型过程影响的试验研究中我们发现了初始地形对最终河道形态具有影响。本节我们设计了四组试验,对初始河槽形态对最终河道形态的影响进行初步的研究和探讨。

试验在天然沙 E 构成的河槽中进行,初始河槽人工构成为"Z"形,清水下泻、自由造床。

8.5.1 试验简介

试验为清水造床试验。初始河槽为人为塑造的"Z"形河槽,断面仍为三角形。入口水流不设挑流板,自由进入。但与入口衔接的直河段与主轴线(进口与出口的连线)存在 30°的夹角。

试验共包括了不同比降的四个测次（比降分别为 0.3‰~2‰），流量均为 0.75 m³/h。

8.5.2 试验过程及结果

试验开始后，水流进入河槽自由造床。在"Z"形河槽的顶冲位置，河槽变化剧烈，迅速冲刷后退，而在顺接水流的部分，河槽变化较小。随着试验的进行，河岸变化由快变缓，此时，抗冲露头的作用逐渐凸现，决定了河道的发育过程。如试验 D11-1 进行到 73 小时之后，由于抗冲露头的作用，在随后的 71 小时中，河岸变化极小，河岸变化速率最大仅 1.87 mm/10 h；到 144 小时左右，抗冲露头冲开，河岸变化率突然增加，整体河道形态也由初始的突变改变为平顺的微弯型。图 8-15 为试验 D11-1 河岸线位置变化情况。由图可见，河流原始的"Z"形河槽已被完全改造，但由于入流的改变，河槽整体呈现为"Z"形的扩展，平面形态上仍有原始河槽的痕迹。

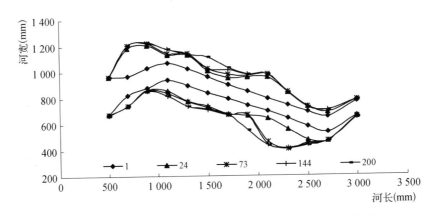

图 8-15 试验 D11-1 河岸线位置变化情况（历时单位：小时）

不同比降的测次初始河槽的影响存在显著的差异。图 8-16 为不同比降相同初始河槽的四个测次最终河岸线比较。由图可见：当比降较大时，初始河槽被改造得最为剧烈；当比降较小时，初始河槽的影响最为显著。

不同初始条件的"Z"形河槽试验进一步表明：河流最终结果是水流（泥沙）条件与河床边界条件相协调、相适应的结果。比降的不同，水流造床的能力不同，河床河岸的相对稳定性改变，最终的河道形态不同。当水流条件强时，初始河槽的作用相对较弱，反之当水流条件较弱时河槽的相对稳定性增

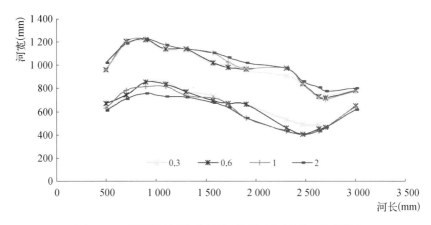

图 8‑16　不同比降测次最终河岸线对比(单位:比降‰)

强,形态不容易改变。在本试验范围内,仅改变初始河槽,难以改变最终的河型,但初始河槽的影响在相当范围内存在。

8.6　关于河型成因的讨论

前人研究和我们长时间的水槽试验经历发现:河型成因研究之所以成为难点的一个重要原因是影响的因素过多,且往往交织在一起,增加了问题的复杂性。河流动力学家一般将影响因素概括为来水来沙条件、侵蚀基准面和河道边界条件三类。钱宁进一步将这三类细化为河岸组成物质、节点控制等 10 种。在本文试验内,在前人范围外,我们更明确了入流角、流量过程、河槽初始形态以及不同来沙类型的影响。

对于众多影响因素下的河型成因研究,有两个研究方向:一是摒弃次要因素,抓住主要问题,研究影响河型的"主要"的某一因素变化,如 Schumm 的比降决定论、尹学良的来水来沙条件决定论等。这一类型的观点,能轻易找到支持其观点的天然河流以及模型试验实际,但却总回避其余因素也有规律性影响的现实,概化的太多;因而难以得出对现实河流具有指导意义的结论。20世纪 80 年代以来,研究者们逐渐意识到河型成因是多个因素的综合,如目前普遍认为辫状河流形成的原因为较大的比降、松散的河床组成和较多的床沙质输入,在此基础上,力图建立合理的数学模式,将各个因素统一起来,从而得到全面的评估。如 Van den Berg 在 Ferguson 和 Knighton 的基础上提出了河

道水流潜能(potential stream power)

$$\omega = \frac{\gamma g Q s}{w} = \gamma g D v s \qquad (8-1)$$

其中 γ 是水的密度, D 是水力半径, v 是水流流速, s 是坡降, Q 是造床流量, 通常为漫滩流量。ω 结合床沙组成(中值粒径)能有效地区分河道的形态, 尤其是弯曲河流和辫状河流的区分。Van den Berg 的研究成果得到了广泛的引用和肯定。同时也引起了质疑, 如 John Lewin 在分析 Van den Berg 研究的基础上, 认为仅河道水流潜能和床沙中径不可能很好地区分弯曲河流和辫状河流。作为统一数学模式的尝试, Van den Berg 的研究成果无疑是具有重大意义的。尽管其数学模式过于简单, 甚至没有考虑来沙的因素, 来水条件也概化为 Q 值而抹去了流量过程等丰富多彩的河型变化因子; 但建立将各因素统一的数学模式无疑是河型研究的正确方向。

但在各个因素影响的规律各不相同, 内在的能量机理也未能明晰的基础上, 强行构造一个简单的数学模式来解释错综复杂的河型变化, 其可行性和指导性都具有极大的局限。

建立统一数学模式的基础, 是明确河型的影响因素。在长期的河型研究过程中, 我们提出了简单性因素和复杂性因素的区分。

简单性因素是指随着该一因素的改变, 河型具有规律性的变化, 这一规律性可能因为其他因素的干扰而不确定, 但规律性还是相当明显的。如比降, 当河谷比降不断增大时, 河型的转化具有规律性的变化; 受其他因素的干扰, 不是所有的河流比降增大时都会发生河型转化, 但河型与比降的规律性关系是确定的。尹学良的水沙搭配论也可以归类为简单性因素。

当某一因素的存在, 对河型的形成及转化有影响, 但单纯这一因素的改变, 河型的变化不具有确定的规律性, 这样的因素我们称之为复杂性因素。如前文所述的入流角、流量过程, 以及对于长江下游分汊型河道形成有重大影响的节点等。以流量过程为例, 牙买加布卢山(Blue)南北坡上河流的例子, 该山南北坡的地质条件、地形、年降雨量等均无不同, 只是由于流量过程的不同, 南北河流形成的河型不同, 山南河流为弯曲型, 而山北河流为游荡型。钱宁[15]介绍这一现象时认为这是在一种临界条件下, 流量过程起了推动力作用, 而不能说流量过程为河型的决定因素之一。

　　简单性因素,决定了河型转化的规律性;而复杂性因素,则决定了河型的多样性。我们用简单性和复杂性因素结合来分析天然河道的河型情况,将有助于得到较符合实际的结论。如渭河下游,含沙量甚至比黄河还高而呈现弯曲的河道形态,这个现象的解释现在基本得到了共识[1,8]:河道形成了窄深河槽,以及高含沙水流的特殊性质。但从河型成因的角度来讲,来水来沙和比降等简单性理论很难解释得通。窄深河槽是弯曲河型的原因还是结果,高含沙水流是如何产生的? 是不是其他河流如黄河也形成了窄深结构(即人为塑造),就能变成弯曲型? 抑或假如渭河人为变成宽浅,它就和黄河一样游荡呢? 用简单性因素很难解释,而复杂性因素的解释将合理得多。

　　人们一直在寻求河型机理的简单确定的规律,也找出了一些确实有道理并具有事实证明的简单性因素(如比降、水沙条件等),但具体到某一个河道,简单性因素理论的预测总显得那么苍白无力和不具有说服力,说明将河型机理用简单性因素来解释是远远不够的。

　　河型成因简单性和复杂性因素的划分,一方面,简单性因素存在不确定性,复杂性因素的不确定性更为明显,甚至还存在复杂响应现象,从而不可避免地增加了河型研究的复杂性;另一方面,这种复杂性并不是杂乱无章的,如简单性因素大多具有趋势性的引导作用,复杂性因素则是在这种趋势下,其作用大多有水流微观结构、水流作用与河槽稳定关系等背景,适合于从理论上和微观上找原因。

　　在简单性因素的基础上,在式(8-1)的基础上,建立更合理的统一数学模式并没有更多的理论困难(技术上尚需大量的工作,如沙和水能量的统一等);但不考虑复杂性因素,不考虑复杂性因素在一定临界区产生影响的实际,也难以从根本上解决河型成因问题。

　　河流是一个系统,河型成因及转化也是一个系统问题。要想揭示河型转化的机理,为河道演变的确定性和河势的稳定性提供科学可靠的依据,只能采用系统的观点,把简单性因素和复杂性因素辩证结合。

　　目前的河型研究,主要集中在寻求确定规律性即简单性因素方面,较多地采用了统计学和能量的方法;复杂性因素,从本试验的研究而言,需要较多地从力学理论以及水流微观结构来解释。如何认识两者的作用效果,并把两者的作用效果在某一理论(如力学理论)上有机结合起来,才是揭示河型成因及转化机理的必由之路。从这个角度来讲,本试验只是一个开始。

8.7　结论与小结

本章在水槽试验及前人研究的基础上,结合河流再造床的过程,着重探讨了河流再造床的河型结果。得出了如下主要结论:

(1) 在清水造床试验中,河道有一个由快变缓的调整过程;河道调整的最终结果是一种相对的平衡状态;这种状态,取决于不同的进出口水流泥沙条件、河道周界条件,可能形成顺直微弯、弯曲以及游荡等不同河型。

(2) 不同纵向边界条件下,河床调整的最终结果或者是抗冲覆盖层的形成,或者是水面比降的调平;两者的结局取决于不同的河道组成条件。

(3) 随着河谷比降的增加,河道有由顺直再弯曲再往游荡的趋势;虽然在非黏性沙构成的河槽中,调整比降难以获得真正的弯曲河流,但河型的这一发展趋势明显。

(4) 不同的来沙条件对河道的影响不同。试验表明:床沙的加入有助于游荡河型的形成与发展;黏土的加入有助于边滩稳固,从而促进曲流的发育。但黏土的加入难以改变边滩的最终消失,因而也难以改变河流的最终河型。

(5) 初始河槽条件限制了试验河流的发育过程,其影响在较长的时间范围存在。初始河槽形态不能决定最终河型,但条件适当时,初始河槽的影响在最终河槽形态中体现。

(6) 提出了河型成因简单性影响因素和复杂性影响因素的概念,认为揭示河型转化的机理,必须采用系统的观点,把简单性因素和复杂性因素辩证结合,而不能只强调单一因素的影响。

第 9 章

河流再造床过程时空演替现象的试验研究

第 5 章以丹江口水库建库后汉江下游为例介绍了河流再造床过程中的时间性和空间性。第 6 章自然模型时效性的判定当中,发现了时空演替在模型试验和原型预测中均具有较大的作用。本章以丹江口水库下游河道为例,进一步分析河流再造床过程中的时空演替现象,并结合部分试验组次,模拟和分析河流发育过程中的时空演替现象。

9.1　概述

"空代时"假说是现代地貌学的基本理论之一。该假说认为:在特定的环境条件下,对空间过程的研究和对时间过程的研究是等价的;在缺少绝对数量方法的情况下,有时可以认为地貌空间集合体可以代表地貌体的时间序列。

"空代时"假说在地貌的研究中取得较大的成功。如 Davis[1] 在很大程度上基于"空代时"假说创建了侵蚀循环学说;Lobeck[2] 发现从华盛顿山到大西洋海岸这一剖面中,地貌的发育体现出明显的阶段性,从西北到东南即从山顶、坡麓到冲积平原,分别从青年期变到老年期;Ruhe[3] 和 Savigear[4] 对野外资料的研究表明,地貌体确实存在时空替代现象——在空间上分布的不同类型可以推演到时间序列上,代表地貌发育的不同阶段。用空间变量代替时间变量曾为一种非常流行的解决地表过程长期演化的地貌学方法。

最早将"空代时"假说引入水科学应用的当属 Monin[5],Prisch[6] 和 Tsinober 在 Monin 的基础上,将"空代时"假说应用于紊流的物理模型和数值模拟中。Galanti[7] 使用 Navier-Stokes 方程构造了一个立方体空间内的紊流模型,通过引入一个有周期性变动的边界条件来分析紊流的空间系列和时间系列,结果证实紊流有较典型的时空演替特征。

Merab Menabde[8]建立了一个数学模型,用以研究小流域降雨、河网和产流过程中时间和空间系列的关联。在室内河流自然模型水槽试验中,张欧阳[9]认为游荡型河流的时空演替过程可以相互代替,并具体提出了水深、曲率、比降和效能率的时空相似。我们[10]在水槽试验以及前人研究的基础上进一步明确了河流自然模型试验中的“空代时”现象,并引入该理论为模型时效和试验时间的定性判定提供指标。

水库下游河流再造床过程本质上也是一种地表过程,因此“空代时”假说同样可以在相当的范围内解释许多现象。本章先以丹江口水库建成后汉江中下游的演变为例,来分析水库河流再造床过程中的时空演替现象,并结合水槽试验结果进行进一步分析和探讨。

9.2　水库下游再造床过程中的时空演替现象

水库兴建,改变了下游的来水来沙条件,引起了下游河流的再造床过程。前文已经介绍了再造床的范围(空间性)和时间性,下面再以丹江口水库下游汉江的河流再造床为例,分析河流再造床过程中时间系列和空间系列的相似性,以及时空演替现象。

9.2.1　时空演替现象

9.2.1.1　冲刷延展的时空演替

水库下游河道再造床过程中,最直观的时空演替现象就是河道冲刷的延展。由于水库清水的下泄,下游河道普遍有一个冲刷过程。随着时间的推移,河道冲刷在横向(断面)和纵向(沿程)延展,都具有明显的阶段性。

据童中均、韩其为的研究成果[11]:丹江口水库于 1960 年滞洪,1968 年蓄水。在滞洪期,冲刷已达到碾盘山,全长 223 km。蓄水后,到 1972 年,冲刷已经发展到距坝 465 km 的仙桃。水库运行 13 年后,大坝到光化 26 km 的河段已完全稳定,不再有泥沙补给。光化到太平店长 40 km 的河段,也只在洪水时河床才会冲刷。在太平店至襄阳 43 km 的河段,基本上只有推移质运动。目

前(1986 年)冲刷最显著的河段位于襄阳至皇庄长 131 km 的河段,并有逐渐
下移的趋势。沿程冲刷的阶段性与同一河段随时间变化的阶段性是一致的
(图 9-1)。此时同一河段断面随时间的冲刷延展和同一时刻河流沿程的冲刷
延展具有相似性,呈现出典型的时空演替特征。

图 9-1　下游汉江冲刷延展的时空演替

几乎所有的水库下游河流再造床过程都有类似的冲刷沿展时空相似。如
美国科罗拉多河胡佛大坝兴建以后,在靠近坝址附近,卵石层经过 1 年的冲刷
就暴露了出来,在距坝 20.3～42.3 km 的河段,卵石层露头出现在建库 3 年以
后,再往下游,建库 10 年之后,河道尚处于砂层冲刷阶段,卵石还没有完全
露头[12]。

9.2.1.2　河床粗化的时空演替

河道冲刷的结果是河道下切、河床组成的粗化和新的抗冲覆盖层的形成。
丹江口水库建成后,由于含沙量远小于水流挟沙力,汉江河床组成普遍存在粗
化现象。这种粗化既包括水流对河床的冲刷和分选,也包括上游带来的粗颗
粒与床沙中细颗粒的交换。同样,河床的粗化也有较典型的时空演替现象。
表 9-1 是建库前后各站床沙中径对照,由于各站的河床组成不尽相同,我们
采用了更能反映河床粗化程度的相对粗化率 M_i,其中

$$M_i = \frac{d_{50}^i - d_{50}^0}{d_{50}^0} \times 100\% \tag{9-1}$$

其中 d_{50}^0 和 d_{50}^i 分别为建库前和建库后 i 时段的床沙中径。由表可见,在同一时
间内,相对粗化率从下游到上游是依次增大的;而对于任何测站的河床粗化过
程,在河床粗化完成之前,相对粗化率都是随时间推移而逐渐增大的,因此河
床粗化过程也具有时空演替的特点。

表 9 - 1　建库前后各站床沙中径对照　　　　　　（单位：mm）

站　名	黄家港	襄　阳	皇　庄	仙　桃	蔡　甸
1959 年	0.24	0.15	0.12	0.11	0.105
1980 年	19.4	0.82	0.18	0.13	0.115
M_i	79.83	4.47	0.50	0.18	0.10

9.2.1.3　含沙量和悬沙中径的时空演替

由于水库的清水下泄，建库下游河流含沙量显著减少。另一方面，由于沿程的河床冲刷、岸滩侵蚀以及支流入汇，含沙量有沿程恢复的趋势。对于具体河段，由于上游河段的不断粗化、河床冲刷所能补充的泥沙日益减少，含沙量有随时间减少的趋势，输沙总量也相应减少。在含沙量减少的同时，由于河床的组成变细，细颗粒补给减少，输沙颗粒有逐渐变粗、悬沙中值粒径有增大的趋势。图 9 - 2 为汉江中下游建库后平均含沙量和悬沙中值粒径的时间和空间变化趋势图。由图可见，空间系列（逆流方向）和时间系列的变化趋势是相当一致的。

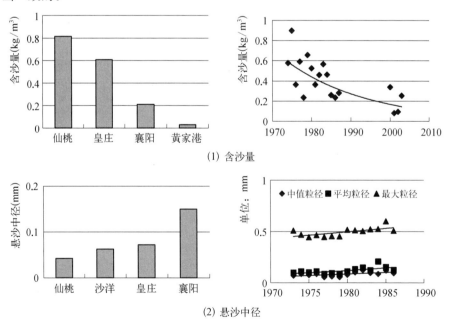

(1) 含沙量

(2) 悬沙中径

图 9 - 2　1979 年空间系列与皇庄站时间系列对比

　　在局部河段的河势调整如岸滩侵蚀甚至河型变化方面也具有一定程度上的时空演替特征。如许炯心[13]认为建库后宜城河段河岸相对河底的抗冲性（τ_{uc}/τ_{bc}）随时间逐渐减弱,河岸侵蚀速率先减小后增大。下游汉江沿程各站均有类似的变化规律,空间上展现的趋势也大致如此(图9-3)。

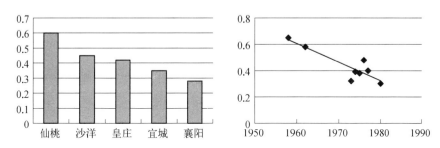

图9-3　建库后河岸相对河底的抗冲性(τ_{uc}/τ_{bc})空间系列与时间系列的演变趋势

9.2.2　时空演替现象分析

9.2.2.1　时空演替的根源和方向性

　　时空相似、时空演替的根源在于空间和时间对同一变源相同的响应方式,是过程的相似。对于系统内任何一部分,变源作用的时间越长,响应越剧烈;同时变源在空间上的传播是有过程的,离得越近,响应越剧烈,越远则越不明显。鉴于空间和时间相同的响应方式,在过程中它们的变化趋势是一致的,适当的系列中,甚至可以将空间和时间系列相互替代、相互预测。时空演替现象在自然界非常普遍,如一颗石子掉进水中激起的水波,空间上是水波的波形传播,而水面单个点荡漾的过程也是相同的波形曲线(图9-4)。

　　水库下游河流再造床过程的主要原因就是水库拦蓄作用使得下泄水流含沙量减少和流量过程的调平,为适应水流挟沙力不足以及流量过程调平这一变源,河流分别在空间和时间上自调整,两个自调整过程具有同一性,是相似、可演替的。

　　由此我们可以明确河流再造床过程时空演替的方向性:单个河段随时间变化的再造床从无到有、从小到大、从开始到完成的自调整过程;整个河段在传播过程进行的某个时段,在空间上,从远到近,也必然可以看到有一个从无到有、从小到大、从开始到完成的自调整过程。河流再造床过程中时空演替的

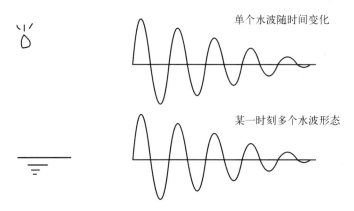

单个水波随时间变化

某一时刻多个水波形态

图 9-4   石子掉入水中引起水波的"空代时"现象

方向性,就是指时间上的由远而近,来演替空间上的由远而近——对水库下游河道是逆流而上,对水库上游则是顺流而下。

在没有干扰的理想状态下,可以预测,河流的再造床过程必然是沿程而下,每一个河段依次重复同一个完整的自调整过程,当最后一个河段的自调整过程完成之时,再造床过程也就完成。这个过程,和我们在生活中熟知的声波、水波传播是一致的。

9.2.2.2   河流再造床过程中时空演替的复杂响应现象

当系统中输入条件发生改变时,其中某一或某些对象及属性首先发生改变,并链式地引起其他对象及属性的变化,它们的相互关系也会发生改变,这些变化常常交互作用,发生各种正负反馈过程,使系统的调整过程呈现出复杂的面貌,这就是系统复杂响应的实质。

自然界中,复杂响应现象比比皆是,时空演替过程也不例外。由于各种干扰源的存在,使得时间系列和空间系列的相似性常常变得不显著,甚至湮没在干扰和缺失中。事实上"空代时"假说在地貌学中的应用,空间和时间尺度的不确定性和野外资料的缺乏使得该理论的使用相当危险,甚至受到多方面批评。而作为一种人造的理想状态,河流自然模型试验则不存在这些缺陷:时间和空间的具体性、从原始河槽—调整—平衡这一完整的发展过程都构成"空代时"理论成功应用的基础,在均匀的河槽中河流发展的时空演替现象非常显著,甚至可以达到吻合的程度[10,14]。

在水库下游河流再造床过程中,空时演替现象既非古地质地貌研究中因资料被干扰太多而被湮没,也远不如自然模型试验显著和确定。这首先与河流再造床的"变源"——水库的特点有关:一方面,水库的拦蓄使得下泄水流具有含沙量减少、流量过程调平的共性;另一方面,水库的性质及其运行方式决定了下泄水流含沙量的减少、流量过程的调平在定量上是非恒定的,而且是多变的。此外,天然河流水沙条件具有多变性和随机性,也有可能在相当大范围内湮没时空系列表现出来的趋势,如图 9-2(1),皇庄站含沙量随时间变化变化的规律几乎湮没在不同水文年水沙条件的差异中。尤其对于调蓄能力较差的水库,一次大洪水甚至可能在根本上影响河流的再造床。

此外,对于水库下游河道本身,支流入汇、河段边界条件的差异以及由此而产生的不同河道调整方式三大因素也使得河流再造床过程中具有复杂响应现象。

(1) 河段边界条件的影响

河段边界条件的不同,首先引起的响应的剧烈程度不同。在汉江中下游,这种剧烈差距甚至可以掩盖空间系列的变化趋势,使时空无法替代。

如水库下游河床的冲刷下切引起的水位下降。由于水库下泄的近似为清水,远小于建库前的含沙量,因而时间系列为冲刷下切的时间越长,水位下降得越多。相应的空间系列也应为越靠近水库,水位下降越多。当河床下切基本完成并逐渐往下游推进,水位下降值应为越靠近水库,水位变化越小。表 9-2 为 1979—1984 年和 1959—1984 年各站同流量水位下降值,表中宜城水位变化的突变显然与其和各站不同的河床组成有关。

表 9-2 各站同流量水位下降值($Q=1\ 500\ \mathrm{m^3/s}$)

时 段	各站水位下降值(m)				
	黄家港	光 化	襄 阳	宜 城	皇 庄
1979—1984	0	0.26	0.65	0.30	0.70
1959—1984	1.69*	1.48	1.11	0.30	0.70

* 流量为 1 250 m³/s。

河段边界条件的不同,更导致自身的演变规律变化,从而产生了不同的调整方式。如汉江中下游的主槽演变中,存在两种不同的调整:一是通过扩大过水面积,粗化河床、粗化挟沙级配、加大糙率减小坡降和流速,来实现挟沙能力的调整；二是为适应变化了的流量过程而发生的断面形态调整。前者要求扩大断面面积，而后者要求缩小断面面积。表 9 - 3 为黄家港—襄阳 1960/1978 年各段宽深比变化，表中可见宽深比变化的复杂响应。

表 9 - 3   黄家港—襄阳 1960/1978 年各段宽深比变化($Q=2\,000\;\mathrm{m^3/s}$)

河	段	黄家港—光化	光化—太平店	太平店—茨河	茨河—襄阳
宽深比	1960 年	12.5	15.9	15.7	19.0
	1978 年	13.0	12.4	14.2	16.3

河床边界条件的不同也是影响河流再造床中河型过程时空相似的主要原因。水库兴建后含沙量减少、流量过程调平，河型有游荡性减弱、弯曲性增强的趋势。在襄阳以上的汉江近坝河段，由于河床组成都是沙卵石，河道自上而下逐步稳定成低水分汊河道；而对于襄阳以下，本为沙质河床或沙黏土河床，河道自上而下逐步由游荡性向弯曲性转化。河型变化的实质过程一致，而由于边界条件的不同而在外表上有所不同。

三门峡水库兴建后有短期的清水下泄时期。由于下游黄河的河床组成基本相似，虽然三门峡水库蓄浑排清时间过短，空间系列和时间系列变化都有限，但依然可以看出时间上逐步游荡性减弱和空间上影响河段下移的趋势。如果蓄浑排清时间足够长，可以预见河流是自上而下逐步调整稳定的。

（2）支流入汇的影响[15]

汉江中下游自丹江口到河道出口武汉市共有 652 km，集雨面积 $5.9 \times 10^4\;\mathrm{km^2}$，占汉江总流域面积 $1.59 \times 10^5\;\mathrm{km^2}$ 的 37.1％。除干流外，有大大小小为数众多的支流入汇。这些具有与干流不同来水来沙特点的支流的汇入，必将改变干流的水沙条件，甚至影响河床演变。越到下游，支流入汇对河道的影响越显著。

支流入汇首先影响了河流再造床的速度。通常支流入汇口门的存在将延缓河道冲刷的下延。如唐白河在襄樊汇入汉江，其河口的泥沙堆积起了一个局部侵蚀基准面的作用，丹江口建库初期冲刷范围就局限在襄樊以上河段。随着冲刷历时的增加，水流侵蚀能力加大，该局部基面不足以控制冲刷的发展，河道冲刷得以向下游延伸。

支流入汇从根本上稀释了河流再造床的剧烈程度。对于河流再造床的促因——水库兴建而言,支流入汇是系统外物质和能量的介入。支流来流在一定范围内恢复了水流条件的不均匀现象,一定程度上消除了水库兴建后流量调平的影响;支流较大的含沙量更消减了过量的挟沙能力引来的河床变形,在汉江下游,支流来沙已取代河床冲刷成为水流挟沙的主体部分。襄阳河段的河床相对粗化率 M_i 远小于黄家港的数值,这与支流唐白河的汇入是分不开的。

(3) 河流造床熵的影响

第 5 章我们引入了河流造床熵的概念,认为水库下游河道,河流造床熵是沿程增加的,这就使得天然河流的再造床过程存在空间差异性,近坝段和远坝段造床的范围和结果是不同的。造床熵值的沿程减小和变化的不均匀,就在一定程度上制约了时空演替定量上的可靠性。

9.3　河流再造床时空演替现象的水槽试验研究

为了进一步研究和分析河流再造床过程中的时空演替现象,我们进行了概化水槽试验。主要有两个试验目的:(1) 在边界条件较一致的试验河流中分析和验证河流发育过程中的时间系列和空间系列的演变规律和趋势,研究时空演替现象;(2) 在试验的基础上,尝试不同的数学模式,以求提高时空演替理论的准确性和预测精度。

本章涉及试验是河型概化水槽试验研究的一部分,在前文述及各种类型试验中抽取若干测次,进行了适当的数据测量加密而得。试验背景如试验设备、测次内容及编号如第 6 章。

9.3.1　过程相似

水槽试验结果证明,模型河流的发育过程中普遍存在较典型的时空演替现象。其中顺直入流河道和侧向入流河道出现了略有不同的河型发育过程。

9.3.1.1　顺直入流河道

试验 A8-1-1 是大水槽试验,比降 1‰,河床为均匀松散的精煤,河流最终发育为游荡型河流。

试验开始、水流进入河槽后几分钟,河岸开始侵蚀塌落,全河道形成犬牙交错的形态,主流开始由直线变为微弯,但摆幅很小。水流真正的弯曲发育始于河槽出口段。随着大量床沙流出出口控制点,出口段河槽开始大幅度地展宽,在试验进行4小时后,出口段河宽已展宽到60 cm,出现了曲率半径约1 m、摆幅约50 cm的连续弯道,此时中游段和上游段维持顺直河型,见图9-5(1)。

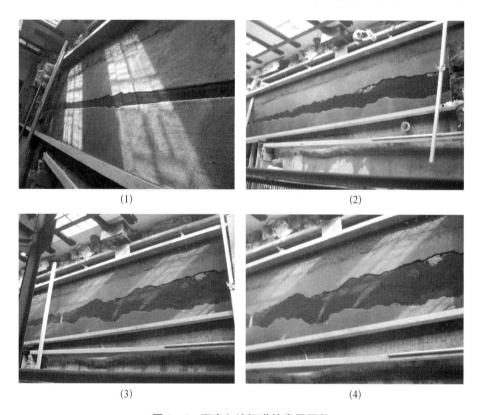

(1) (2) (3) (4)

图9-5　顺直入流河道的发展历程

随着试验时间的推移,河道展宽逐渐向上游发展,河湾也相应逐渐向上游发展;而出口段弯道边滩难以维持,被水流切割冲刷,主流开始分散,河道游荡性增强。图9-5(2)为15小时平面形态,图中河道上游为顺直型,中游弯道发育,下游主流散乱,具有部分的游荡河型特征。

随着试验的继续进行,展宽、弯曲、主流分散顺次向上游推进。图9-5(3)为72小时平面形态。由图可见,弯曲段已发展到上游河道,而中下游河段均呈现了主流散乱、滩槽密布的游荡特性。

图9-5(4)为144小时平面形态。由图可见,弯曲段还在缓慢上移,而下

游的游荡河型已基本发育完成。

其他多个顺直入流模型河流都有类似的发育过程,对于模型小河中下游单个河段,河型有顺直—弯曲—游荡的发育过程,与空间上由上而下的表现完全一致,随着时间的推移,空间上河型发育向上推移。时间系列和空间系列相似性良好。

9.3.1.2 侧向入流河道

在研究入流角对弯曲河道形成影响的试验中,我们发现有侧向入流的河流,河型发育过程具有与顺直入流河流不同的规律。

图9-6为试验B8-2模型河流的发育过程。水流进入河槽之后,河槽顺直,但由于入口处有较强烈的侧向入流,水流偏右岸,并由右岸折回,形成弯曲形态。随着时间的推移,第一个弯曲水流完成后开始冲刷左岸,折回成第二个弯曲水流。由此,弯道顺次向下形成。最终形成全河槽的弯道形态。此时空间系列的弯道是由上游开始,再逐渐向下游发展;其中某河段的时间系列也同样具有先顺直后弯曲的发展规律。

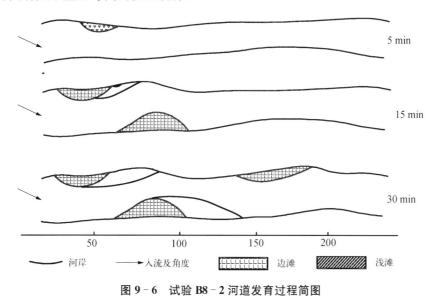

图9-6 试验B8-2河道发育过程简图

由于河谷比降仅0.1%,试验B8-2河槽受河道出口的侵蚀基准点的影响较小。对于比降稍大的B8-3(比降为0.2%),河道侵蚀基准点的影响明显得多。试验开始后,上游以入流角的影响为主,下游则为侵蚀基准点的影响。最终在中下游可以同时看见侵蚀基准点和入流角的影响;两者交织在一起,最终形成了有弯曲主流、无边滩发育的特殊的河道形态(图 9 - 7)。

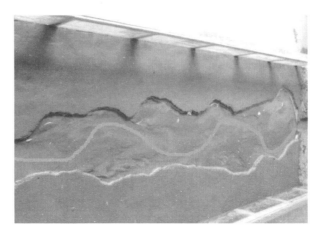

图 9 - 7 试验 B8 - 2 最终河道照片(灰线为深泓位置)

无论是顺直入流还是侧向入流均明确地反映了河流发育过程中河型过程的时空相似。两者发育的不同仅是因为河型的变源的不同：前者是侵蚀基准面的影响，而后者是入流角的影响以及其和侵蚀基准面影响的叠加。相应与时间系列对应的空间系列方向性也有所变化：对于顺直入流，是逆流而上；对于侧向入流，当入流角作用居于主导位置时，为顺流而下；当入流角与侵蚀基准点的作用交杂在一起时，时间系列和空间系列都具有复杂的特征。

9.3.2 特征值变化相似

模型河流发育的过程中，不仅有河型过程定性上的时空相似，部分组次河流发育甚至在定量上呈现良好的时空相似性。

把整河段人为地等分为 7 小段(6 个断面)并取各要素均值，在试验进行到一定程度时将这 6 个断面的特征值连续起来充当空间系列；另取典型断面试验开始之后随时间变化的特征值连续起来充当时间系列；借以对比分析时空相似和时空演替现象。

对比了宽深比($\sqrt{B}/h$)、深泓弯曲度(S)、河床组成泥沙中径(d_{50})、过水面积(A)和能耗值(N)五项指标。宽深比是反映河相关系的一个重要指标，宽深比的大小直接反映了河流是窄深或是宽浅；深泓弯曲度是河流弯曲与否的一个重要指标；河床组成中值粒径反映了河道的粗化程度；过水面积的大小反

映了断面的平均流速,断面平均流速和水面比降的结合可以计算河段能耗值,
计算式为:

$$N = N_1 - N_0 = \left(Z_1 + \frac{V_1^2}{2g}\right) - \left(Z_0 + \frac{V_0^2}{2g}\right) \qquad (9-2)$$

9.3.2.1　顺直入流

试验 A8-1-1 时间系列与空间系列变化过程对比结果如图 9-8。由图
可见,在试验 A8-1-1 河流的发育过程中,宽深比、深泓弯曲度、河床组成泥
沙中径、过水面积和能耗值均有不同程度的时空相似。宽深比、深泓弯曲度变
化曲线中存在拐点,这是因为在河型的发育过程中有顺直—弯曲—游荡的变
化,其中形态较弯曲时河道变窄深,此时宽深比有一个极小值,深泓弯曲度有
个极大值。随着空间或时间的推移,泥沙中径都是一直增大的。过水面积和
能耗率的相似规律不是很显著,这与量测的精度有一定的关系。

9.3.2.2　侧向入流

试验 B8-2 时间系列与空间系列变化过程对比如图 9-9。由于试验在小
水槽进行,能耗率与深泓弯曲度难以量测,仅对比了宽深比、泥沙中径和过水
面积三项指标。

由图 9-9 可见,时空演替的规律在宽深比、泥沙中径和过水面积这三项
指标上吻合良好。河流特征值的变化过程,与上节所述的发育现象是对应的,
影响三者大小的最重要的因素是曲流的形成与否。

9.3.2.3　特征值变化相似的复杂响应现象

尽管与天然河流相比,模型小河时空系列的相似性在定量上要准确很多,
但由于种种原因,这种相似性依然不够明晰,也具有复杂响应现象。

张欧阳[9]认为将时间复杂响应过程和空间复杂响应过程作比较,各指标
在时间过程上的变化和在空间过程上的变化除 B、B/H 外,其余各项的变化趋
势基本一致,这表明时间复杂响应过程和空间复杂响应过程具有密切的关联
性,它们既可以相互代替,又对水沙的响应过程表现出复杂性,体现出了河型
演变过程中的时空复杂响应现象。

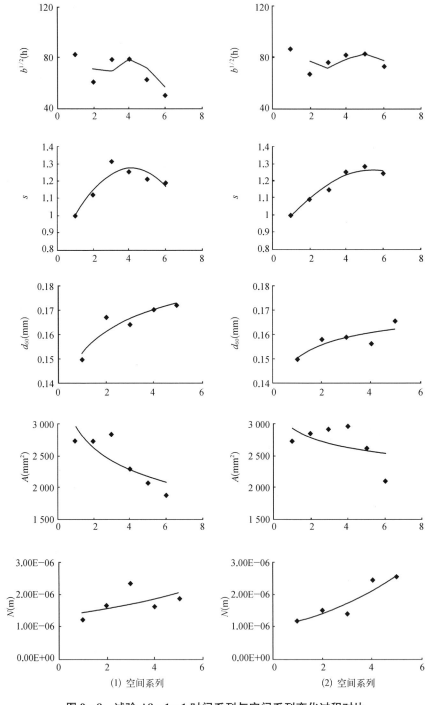

图 9-8 试验 A8-1-1 时间系列与空间系列变化过程对比

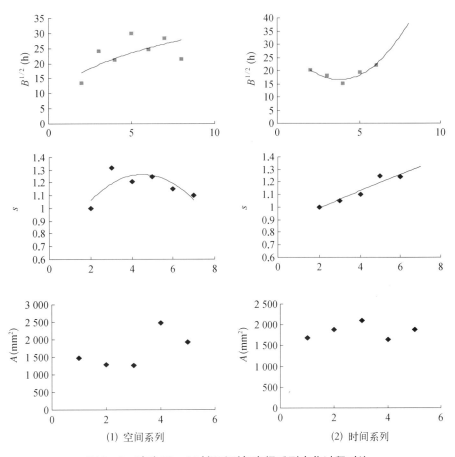

图 9 - 9　试验 B8 - 2 时间系列与空间系列变化过程对比

9.4　时空演替的应用前景及其统一的数学模式

　　河流动力学研究的一个重要手段就是类比分析，条件相似的不同河流之间的类比为河流规律的认识提供了一个有效的研究手段。时空演替规律另辟蹊径，在时间和空间系列发展趋势上相互演替、相互预测的方式，因而可能为河流再造床过程中趋势的研究提供新的工具。

　　天然河流的造床与再造床是一个漫长的历史时期。人类活动尤其是水库引起的河流再造床从开始到基本结束也往往需要数十甚至上百年。由于客观的历史原因，人们往往缺乏完整、长系列的时间变化资料；而对未来趋势的合理预测,恰恰是时间系列的延伸。由于科技的发展和量测手段的不断提高,获取大范围、高精度的空间变化资料已经不是难事。时空演替的精髓就在于用容易获得的高精度的空间资料,通过一定的转化模式,用于确定难以量测和获得的时间系列,从而达到趋势预测的精确性和合理性。

时空演替规律在水库下游河流再造床过程中的更大应用,必须克服和摒弃天然河道中的种种干扰:如输入水沙条件的变化、分流和汇流、河道边界条件的异化等;同时还需要认识河流对同一变源的复杂响应及机理,使之统一于一致的数学模式之中。

9.4.1 时间(空间)系列模型理论基础

地学理论认为,时间(空间)系列是将某一或某些指标按时间(空间)次序顺序排列所构成的序列,它有两个基本构成因素:一是研究现象所属的时间(空间);二是该现象不同时间点数量特征的指标值[19]。

9.4.1.1 时间系列建模技术

时间系列的历史资料包括一些基本的、潜在的模式和随机波动,主要有长期趋势(secular trend)、季节变动(seasonal fluctuation)、循环变动(cyclical variation)和不规则变动(irregular variation)。这四种变化的叠加构成了实际观察到的时间系列,因而可通过对这四类变动进行分析,从而研究时间系列的变化特征。

长期趋势(T)是在相当长时期内表现的上升或下降的变化趋势,是时间系列中最基本的变化规律。它可以表现为不断增加或减少的基本趋势,也可表现为围绕某一常数波动的水平趋势。在更大尺度的背景下,长期趋势由其内在本质因素所决定,这些因素对各个时期的发展水平起着支配性的决定作用。

循环变动(C)也称为周期波动,指持续一定时期的周期性波动,如经济增长中的繁荣—衰退—萧条—复苏—繁荣的循环,这种周期性可能是一种不规则的周期变化。引起循环变动的循环因素与季节性因素属同一类,但持续时期更长,且周期的长短、形态、波动幅度不固定。它与长期趋势的区别在于它不是朝着某一单一方向变化。

季节波动(S)指受季节变化影响的周期性波动,时间系列随季节更替而呈现的周期性变动。季节波动本质上指以一年为周期的周期变化。季节变动和循环变动都表现为涨落相间的循环波动,两者间的区别在于:一般说来季节波动有较为固定的周期(如季、月等),且主要由自然因素和制度性因素引起;循环变动的周期相对较长,波动的规律程度较低,一般研究其平均周期,并可能由系统内部的因素引起。

不规则变动(I)是受不确定因素(含随机因素)影响所导致的不规则波动,也称为随机波动。是时间序列中无法由上述三个构成因素解释的部分,并可采用随机时间序列的方法进行研究。

此外,上述各个分量在时间序列中并不一定同时存在,一般可根据问题的性质和研究的目的采用不同的处理方法。在实际运用中,大致上可将时间序列的结构分为如下三种概念模型:

(1)加法模型。它假定四种因素相互独立,系列各时期发展水平是各构成因素的总和。即

$$X = T + S + C + I \qquad (9-3)$$

(2)乘法模型。它假定四种因素间存在交互作用,系列各时期发展水平是各构成因素的乘积。即

$$X = T \cdot S \cdot C \cdot I \qquad (9-4)$$

(3)混合模型。模型中既有加法关系也有乘法关系。即

$$X = T \cdot S \cdot C \cdot I \text{ 或 } X = T + S + C + I \qquad (9-5)$$

9.4.1.2　空间系列建模技术

空间系列建模又名地质统计学、空间信息统计学,是以区域化变量理论为基础,以变异函数为基本工具,以克力格法为基本方法,研究在空间分布上既有随机性又具有结构性的自然现象的科学[20]。

随机性和结构性是空间变量最重要的特性,空间系列变量通常还具有空间局限性、连续性和异向性。

Matheron 于 20 世纪 60 年代提出了协方差函数与变异函数,尤其是变异函数能同时描述空间系列变量随机性和结构性的双重特征,是空间建模技术的有效工具。

9.4.2   模型构建: 河流殊能的尝试

近年来河型成因的研究较多地着眼于河流殊能(specific stream power)ω[16,17],

$$\omega = \frac{\gamma g Qs}{w} = \gamma g Dvs \tag{9-6}$$

其中γ是水的密度,D是水力半径,v是水流流速,s是坡降,Q是造床流量,通常为漫滩流量。ω结合床沙组成(中值粒径)能有效地区分河道的形态,尤其是弯曲河流和辫状河流的区分[18]。图9-10是各河段河流殊能与床沙中径关系图。由图可见,在汉江再造床过程中,河流殊能的时间和空间变化趋势较为一致。

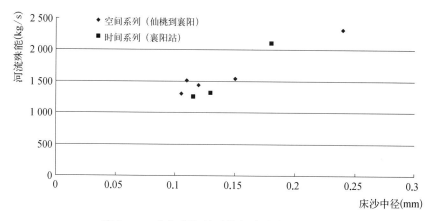

图9-10   各河段河流殊能与床沙中径关系图

河流殊能进行了将影响河床演变的多个因素统一于能量的初步尝试。这种尝试,对于摒弃和克服干扰、认识河床演变的促因是有一定积极意义的。必须指出,河流殊能与床沙组成结合的方法并没有直接考虑含沙量的影响,而只通过床沙的粗化间接地体现,因而具有较大的局限性。

9.5   结论与小结

时间和空间是构成四维时空的两大因素。将空间系列和时间系列结合起来,具有广阔的运用前景。传统的河流研究多数强调河流的空间变化,或者强调时空的分异性,本章尝试将空间系列和时间系列结合在一起进行分析、比较

和演替,通过水库下游河流再造床实际分析和水槽试验研究发现:

(1) 天然河流的再造床过程在冲刷延展、河床粗化、含沙量变化甚至河型变化等多方面具有时空相似和时空演替特性。

(2) 演替的方向性与河流再造床的促发条件有关;对于水库下游河流再造床,与时间推移相似的,是沿程向上的空间系列。

(3) 由于水沙变异、边界条件复杂以及支流入汇的影响,水库下游河流再造床过程中的时空演替存在复杂响应现象。

(4) 在时间系列和空间系列中,均可以发现河流造床熵的影响;水槽试验中河流的发育过程中,时空演替现象更加明显;在宽深比、河床粗化、曲率变化等方面甚至具有定量上的演替效果。

(5) 不同的造床促因,导致时空演替方向的复杂变化;促因是侵蚀基准面时,河流变化以自下而上为主;而促因是入流角存在时,河流变化以自上而下为主。

(6) 时空演替的实际应用需要有较合理的数学模式,本文讨论了河流殊能在河流再造床时空演替的应用;并引入时间因子,建立了河流再造床的初步模式。

第三篇　数值模拟篇

第 10 章

水系形成与发展的元胞自动机模型

水系的形成是在一定地质、地形、气候等条件下,水流自由发展的结果。水系是河流发育的最初形态和起点,是河流在时间和空间上的拓展。元胞自动机是一种时间、空间、状态都离散,空间上的相互作用及时间上的因果关系皆局部的网格动力学模型,在复杂性问题的研究中得到了广泛的应用。本章采用元胞自动机模型,对水系自组织形成与发展的随机过程进行了模拟。通过改变地质、地形、气候等条件,模拟了与自然水系相吻合的多种河流水系。结合东昆仑阿拉克湖地区第四纪水系演化过程的现实,初步模拟了黄河源头水系的发展过程。

10.1 概述

水系是地表径流对地表土产生侵蚀以后所形成的河槽系统,涉及流域范围内从面蚀发展到沟蚀、槽蚀以致最后到由若干条大小支流和干流所构成的河网的全过程[1]。陆地上整个复杂的水网,大致可以分为:上游环节——无河床的坡流;中游环节——暂时性河床水流(冲沟干沟网);下游环节——河流[2]。水系的内涵包含了河流,水系的发育是河流发育的起点。研究水系的形成和发展,对了解河流及其流域的特性都具有重要的意义。

水系的形成与发展同时也是河流形态变迁与发展在空间和时间上的拓展。在空间上,水系不仅在微观上拓展到了流水侵蚀地面的坡流、冲沟、干沟等,在宏观上也跳跃了单一河流形态特征的局限,从河网、从流域角度考察河流特性;在时间上,水系的形成与发展往往是伴随气候变化、地质构造运动等逐渐形成、变迁的,涉及漫长的地质历史时期,相比之下,河流再造床过程仅是漫长水系发展变化过程中微不足道的一小段,仅由于其对人类生活生产的重大影响而被重视、放大、研究。从这个意义上讲,对于河流再造床的过程和结果,水系的形成与发展不仅是一种参照,而是一个更为广阔的背景。

影响水系形成发育的因素有很多[3],主要可以概述为:

(1)气候因子。气候的区域分布实际上是太阳能在表面的分布,由气候地带性带来的地理区域性也决定了水系、流域的区域性;气候因子中的降雨因子是形成径流和水系的主要因素。

(2)地质因子。地质主要是由地球自身的能量分布与地壳运动造成。地质因子中影响流域和水系的主要因子是构造因子与岩性等。

(3)地形因子。地形中的高度、坡向、坡度、坡形和坡长是影响流域水系发育的重要因子。

(4)植被因子。不同类型的植被,其阻截雨滴、调节地表径流、改良土壤结果等作用是不同的。

(5)土壤因子。不同的土壤组成,水分下渗率不同;较好的植被和土壤,能从本质上调节径流,使地表径流转化为地下径流,从而减少、调整流域的产沙产水量,有助于河床演变的速度变缓,河道易于稳定。

(6)土地利用因子。土地利用的类型包括农业用地、森林用地、牧草用地、城镇用地、工矿用地、交通用地、水域用地、未利用地等。不同的土地利用方式,其产生的水系形态也不尽相同。随着人类对自然界改造的加剧,土地利用因子变得越来越重要,水系形成与发育的变化也越来越剧烈而显著。

很多学者对河槽的产生、河网的形成、水系的平面形态和水系的变迁作了很多有意义的研究。W. S. Glock[4]首先提出了水系的形成是由大到小,即"干生支、支再生细支"的理论。认为水系发育程序是:首先出现干流,然后出现支流,接着出现小支流,最终形成致密的水网。并据此提出了水系形成的两个阶段:扩充阶段和调整阶段。其中扩充阶段又可以分为三个时期:初成时期、延长时期和繁荣时期。当水系进入繁荣时期后,河流便相互袭夺,或相互并吞,最后小支流逐渐减少。Davis[5]认为在幼年期的地面,最初在原生的洼陷处出现纵向河流,随着时间的推移,原来的原生洼陷地因受顺向水系的作用,逐渐出现支流。并将支流细分为三种类型:循着干流谷地的原生洼地的侧坡上的小原生洼地中形成的第二级的顺向河;循着顺向河的谷坡上的软弱构造带而发育次成河;偶然出现的偶向河或斜向河。巴普洛夫的结论与前者相反,认为水系的发育过程是由小变大,由支流到干流的。他在分析平原地带水系的发育过程时发现河流是由坡面的纹沟、到细沟、到切沟、到冲沟逐渐地长大和发育起来的。当冲沟切入地下水的含水层时,沟床能经常保持有流动的水,于是它便成了初期河流的支流,然后再由小支流汇合成大支流,再汇合成主流。水系是由无数的纹沟、细沟、切沟、冲沟汇集了流域内的地表水和地下水而形成的,径流的分配状况,就决定了水系的分配状况。维尔斯基也认为分水岭的地形年龄要比流域内其他地区的地形年龄大很多,河流的侵蚀过程是从坡面径流开始的。因此,水系的发育过程应该是由小到大的过程[6]。马卡维也夫对水系的发育过程提出了另一种看法,他认为侵蚀沟最初是出现在地形上明显的转折处,即由缓坡转为陡坡的地方,然后它向上下两端延伸。他指出,几乎所有的情况下,都能发现在高于目前河槽的不同高度上分布着古老的冲击锥或三角洲的痕迹,所以目前有阶地或者其他地貌形态存在着。但许多学者认为,这种现象不一定是由于气候条件的变化或者是新构造运动所形成的。它可能完全是由于正常的水系发育过程所固有的特点[7]。

水系特征的数量关系可用 Horton[8] 定律进行描述。自从 20 世纪 70 年代分形几何学产生以后,地貌学家和数学家便致力于寻求 Horton 水系定律和分形思想的内在联系。如 80 年代末期,经 Barbera 和 Rosso 等人的深入探讨,Horton-Strahler 定律以及 Hack 定律蕴含的分形性质比较明确地显示出来[9]。但是,问题和不足也非常显然:实测的水系分维与理论预测的结果通常很不一致,地理学家为此困惑不已但又束手无策,以致有人怀疑水系是否具有自相似性。实际上,实测维数与理论预期的差距有些源于测量手段不够精确,但有些则是因为理论预期本身有误,即分维的数学本质和物理意义尚未完全澄清。

综上所述,水系的形成过程是十分复杂的,在不同的情况下,可能有不同的形成方式。目前的各家理论也是各持一端的。相对河流演变学定性基本明晰、追求定量的研究现状,水系的研究在很大范围内还处于定性研究阶段。这一方面与水系发育具有相对河流再造床更为广阔的时间和空间特性有关;还与水系研究缺乏干扰较少的天然地貌实例(往往湮没于多种因素的干扰中),又难于在试验中实现准确模拟有关[10]。因此,水系的研究的深入,不仅需要加强以现有地貌现象为对象的分析整理,还需要有效、揭示本质的数学工具。分形分维的引入是一个大的进步,但分形分维更多的是从几何的角度来考虑问题,而忽略了水系发展本身的动力过程,因而结果是偏理论性的。

　　元胞自动机(Cellular Automata)是将物理体系进行理想化的一类离散模型的统称。与传统数学模型不同,元胞自动机模型方法另辟蹊径,直接考察体系的局域交互作用,再借助于计算机模拟来再现这种作用导致的总体行为,并得到它们的组态变化。元胞自动机具有简单的构造,然而却能产生非常复杂的行为,因而非常适于对动态的复杂体系的计算机模拟,在许多实际问题中也取得了相当大的成功。

　　元胞自动机最早是由 von Neumann 和 Ulam 作为生物机体的一种可能的理想模型而提出,并研究了它们的自我繁殖与发展[11]。元胞自动机最初应用在生物系统中,随后它们被逐渐引入数学、物理和材料科学等更为广泛的领域,如应用到计算机理论、湍流和组织形成模拟研究中,著名的计算机游戏"生命游戏"[12]也是一个典型的二维元胞自动机的例子。

　　水系的形成与发展以及河流再造床中的河流形态变化,均具有自组织特性。在总体规律未知的时候,通过考察水系与河流的局域交互作用来探讨总体的规律,是一种新的研究思路。本章和下章进行了以建立不同的元胞自动机模型为手段,来探讨和研究水系形成和河流再造床的整体规律的初步尝试。

10.2　元胞自动机简介

　　元胞自动机是一种时间、空间、状态都离散,空间上的相互作用及时间上的因果关系皆局部的网格动力学模型;很容易直接描写单元间的相互作用,不需要建立和求解复杂的微分方程(只要确定简单得多的单元演化规则即可),所以非常适合于模拟单元间有强烈耦合与协调作用的非线性系统的自组织过程。

　　近年来,元胞自动机方法在地理学如城市扩展、灾害评估方向、交通流问题上得到了较为广泛的应用[13]。元胞自动机模型真正开始应用于河流动力学研究,最早的当属 Murray 和 Paola[14,15],作为开创者,Murray 不仅成功建立了辫状河流的元胞模型,还解决了诸如离散时间等基础性问题。R. Thomas[16]在前者的基础上建立了一个改进的元胞模型,较好地模拟了辫状河流的水流过程;Hans-Henrik Stolum[17]研究了弯曲河道的自组织过程。

10.2.1　元胞自动机的基本思想和特征

　　一个元胞自动机模型中,体系被分解成有限个元胞,同时把时间离散化为一定间隔的步,每个元胞的所有可能状态也划分为有限个分立的状态。每个胞在前后时间步的状态转变按一定的演变规则来决定,这种转变是随时间不断地对体系各胞同步进行。因此一个胞的状态受其邻居胞的状态的影响,同时也影响着邻居胞的状态。局部之间互相作用,相互影响。通过这一定的规则变化而整合成一总体行为。以简单离散的元胞来考察复杂体系,这是很有用的思想方法。

我们用二维元胞自动机来进一步说明上述思想。二维元胞自动机中,一个元胞可取为规则的正方形胞、三角形胞或六方胞。下面以正方形胞来说明。在这种体系中对一个胞的邻居关系结构有两种考虑[18]:

(1) 四邻居关系,它只包括 4 个第一近邻胞,这种邻居关系也称为 von Neumann 型邻居关系。

(2) 八邻居关系,如图 10-1,它还包括了 4 个第二近邻胞,因此周围共有 8 个邻胞,它也称为 Moore 型邻居关系。相应于 von Neumann 型邻居关系的元胞自动机规则可描述为:

$$a_i^{(t+1)} = \Phi\big[a_{i,j}^{(t)}, a_{i,j+1}^{(t)}, a_{i-1,j}^{(t)}, a_{i,j-1}^{(t)}\big] \qquad (10-1)$$

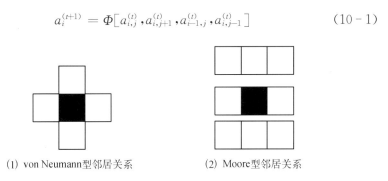

(1) von Neumann型邻居关系　　　　(2) Moore型邻居关系

图 10-1　二维元胞自动机体系中正方形胞的两种邻居关系

元胞自动机的演变规则基于局域交互作用,可以很简单,而反复迭代实施的结果往往能产生十分复杂的结构。下面以“生命游戏”(Game of Life)为例来说明。将一个矩形的体系划分为许多的小正方形胞以代表细胞,每一个胞的生存状态用一个变量来描述,如图 10-1 所示,0 表示死,每个胞的生存状态与其周围的 8 个胞的生存状态有关,一个胞的状态依赖于周围胞的状态变量的总和。若一个胞周围有三个胞为生,则该胞始终保持为生,即该胞若原先为死,则转为生,原先为生则保持不变。如果一个胞周围有二个胞为生,则该胞的生死状态不变,其他情况下,则该胞始终为死。这样一个简单的基于局部作用的规则在计算机模拟实施时却演变出了十分丰富多样的复杂结构,甚至再现一些复杂的生命现象[19]。事实上,自然界确有这样一种生存规律:一个生命若周围的同类生命太少的话,会因得不到帮助而死亡;若周围的同类生命太多,又会因相互竞争得不到资源而死亡。"生命游戏"对此规律作了高度的抽象简化,是一个十分典型的元胞自动机模型。图 10-2 为"生命游戏"中的几个图片片段。

图 10-2   生命游戏

10.2.2   元胞自动机的唯象描述及基本特征

Wolfram 就不同的初始态和不同的演变规则进行了大量的计算机模拟试验,考察了对结果的影响并利用已有的理论进行了分析,较系统地提取出元胞自动机的一些规律及基本的特征[20]。根据演变的终态特征,他把元胞自动机定性地分为四大类:

(1)演变为唯一的最终均匀状态,它常常很快就可达到,少数情况存在较长的过渡;

(2)产生分离的时间序列上周期性的简单结构,每个结构为稳定的或具有很小的周期的振荡,元胞自动机规则能过滤掉一些复杂的结构,仅把初始态的一些简单的形态保持下来,而且产生的也是简单的形态;

（3）产生非周期性形态，并表现出混沌行为，它们常以一恒定速度向各个方向生长，产生较对称的形态；

（4）表现出复杂的局域的不规则生长形态，常出现许多持续的结构，其中一些在不断地传播开来，二维中确切的这类元胞自动机比较少，比一维中少得多，它常伴随第三类发生且其特征常会被第三类元胞自动机所覆盖。

同一类中的所有元胞自动机不论其演变规则如何，定性上都表现出相似的行为。

10.2.3　元胞自动机的优点

将元胞自动机应用于建立水系和河流数学模型，首先是因为元胞自动机模型具有如下的优点：

（1）元胞自动机是天然的空间动力学模型，适于模拟具有时空的空间复杂系统。

河流乃至一切地理事实、地理现象，既包括了在空间上的性质，又包括了时间的性质，只有同时把空间及时间这两大范畴纳入某种统一的基础中，才能真正认识其基本规律，从而完整认识其复杂性。元胞自动机是一个典型的天然空间动力学系统，其时间是一个离散的无限集，所以不仅能够模拟和预测系统的长期行为，关键它还能模拟系统的动态行为过程。元胞自动机在模拟空间现象在时间和空间上的动态变化时的直观、生动、简洁、高效、实时等特征是其他模型如系统动态等所难以媲美的。因此，在水系和河流发展的模拟方面，元胞自动机有其内在的合理性。

（2）元胞自动机"自下而上"的构模方式，符合复杂系统的形成规律机器研究方法。

从方法论看，元胞自动机不是用很繁杂的方程从整体上去描述一个复杂系统，而是由系统构成单元的相互作用来模拟复杂系统的整体行为。元胞自动机采用的是典型的"自下而上"的构模方法，这是大多数复杂系统研究方法所采用的思维方式，是复杂性科学所倡导的复杂性研究方法，只有从系统元素的状态和行为入手，模拟它们的相互作用，才能从根本上解决复杂性问题。

水系、河流的发育从根本上讲也是一个复杂性问题。以往从资料分析以及实体试验研究等手段，都是宏观上的研究。基于元胞自动机的水系、河流数学模型的建立，有助于从微观上开创一个崭新的研究领域。

（3）元胞自动机强大的复杂性计算能力,适于模拟系统的复杂行为。

元胞自动机具有计算的完备性特征,可以模拟非线性复杂系统的突现、混沌等特征,是模拟生态、环境、灾害等多种高度复杂的地理现象的有力工具。具体讲来,它的复杂计算能力主要体现在它的计算完备性特征和突现计算功能上。

1) 计算完备性。元胞自动机在构造和计算上的简单性,丝毫没有限制元胞自动机模拟复杂现象的能力。有关元胞自动机计算能力的研究表明,已知的每一个图灵机都可以用元胞自动机。目前已经构造出有 14 个状态（即 $k=14$）的通用元胞自动机。它可以模拟任何一个元胞自动机在任何初始构形时开始的动力学行为[21],计算的完备性在理论上保证了元胞自动机模拟复杂现象的可行性。

2) 突现计算功能。突现的概念来源于系统论,指系统（或整体）在宏观层次上拥有其部分或部分的加和所不具有的性质。突现性可以理解为由局部的相互作用可以带来系统整体的表现行为,如宏观吸引等的发生、稳定结构等在时空中的演化等[22]。当把河流看成一个系统时,河型转化就是一种突现。元胞自动机的转换函数虽是局部和简单的,但却能够在整体上表现出许多周期、混沌、信息传递、自复制等复杂的突现行为和现象,因而它能对生态、环境、灾害等多种高度复杂的地理系统进行高强度的仿真。同样也应该能模拟河型转化的突现现象。

此外,元胞自动机还有易于应用计算机构造模型,在空间数据结构上易于与遥感、地理信息系统等地理信息技术集成等优点,在河流动力学和地貌学研究领域的前景也相当广阔。

10.2.4　建立元胞模型

与标准元胞模型相比,水系、河流元胞自动机模型有其现实的地理背景,因此构造水系、河流元胞自动机模型,首先要解决以下几个方面的问题。

（1）元胞及状态

在标准元胞模型中,元胞是一个有限、离散的集合体,每个元胞的状态取其中的一个值,并不一定有具体的物理含义。在水系、河流的元胞模型中,鉴于其现实的地理背景,我们必须赋予元胞及其状态以相应、具体的地理含义。如水系元胞及状态不仅要考虑单位面积的产流因素,还必须反映地形、地质因子,其至必须进一步细化到植被影响、土地利用类型影响等等。此外,水系元胞模型研究的是水系和流域,河道与地表之间的区别、坡流和河流的区别、大河与小河的区别也应该在元胞及其状态中体现。河流元胞模型主要研究河道,因此河道的滩、槽、河岸等等,也应该在元胞及状态中体现。具体的元胞模型,根据研究目标的不同,元胞及状态也需要重新定义。

（2）元胞空间

标准元胞模型中的元胞空间是一个抽象的离散值,而水系、河流元胞模型中元胞空间必须为一个确定的值。空间外形应当为四方形、六方形或者是三角形中的一种,且具有确定的度量大小。如水系元胞模型中的河流级别、河流元胞模型中的水深等。

（3）邻居定义

标准的元胞空间中,元胞的邻居常被定为平衡对称的构型,鉴于地理实体间相互作用的复杂性,河流元胞模型的定义应更加灵活。首先,毫无疑问,此时元胞的邻居关系与水流方向有关,这一点与研究森林火灾的"林火模型"[24,25]相似。此外,如果河床有横比降,邻居关系还应进一步改变。

（4）演化规则

演化规则是元胞自动机的核心,它决定了元胞自动机的动态演化过程,在地理学元胞研究中,演化规则集中体现了空间实体间的相互作用,这种相互作用根据不同应用而被赋予不同的地理涵义,可以说,地理学元胞研究中的规则是地理特征在局部和微观上的体现。

水系、河流的元胞模型,和其他元胞模型一样,确定演化规则具有基础性的意义。演化规则的合理与否,直接决定了模型模拟的准确程度。

（5）离散时间

标准的元胞模型中,时间概念是一个离散尺度,也是一个抽象的时间概念。水系、河流的元胞自动机模型的时间概念在与标准时间对应的同时,还必须与现实的年、月、日等实际时间度量概念相对应。

10.3 水系形成的元胞自动机模拟

下面采用元胞自动机模型,对水系的形成进行了初步的数学模拟。计算平台采用了 Microsoft 公司的 Visual Basic 软件,因为该软件具有较强的计算、显示和交互功能。

10.3.1　"随机游移"的水系形成模型

自 20 世纪 60 年代后期开始,R. L. Shreve 和 J. S. Smart 开始把水系的形成和发展看成一种随机过程,符合统计规律[28]。1962 年 L. B. Leopold 和 W. B. Langbein[29]采用统计数学中的"随机游移"(random walks)的方法,来说明水系组成的几何规律,得出了很多性质与天然水系十分接近的假想水系。

在统计数学中,"随机游移"(random walks)是提供"最可能状态"数学模型的习用方法之一,L. B. Leopold 和 W. B. Langbein 曾采用这个方法来说明水系组成的规律。其思路为设想一张方格纸的每一个方格代表流域内的一个单位面积,每个方格中的地表水可以朝四个方向流动,每个方向都是随机的,出现的概率完全相等。连接水流的运动就可以得到一个概化的水道网。

10.3.1.1　随机游移模式

我们采用了四邻居关系(即 von Neumann 型)的元胞模型对随机游移模式进行了改写。采用了 100×100 的元胞空间,每一个元胞代表一个流域单元,元胞地理含义为该流域单元地表水的含量(产流量),采用了 von Neumann 型邻居关系(图 10 - 1)。除了相邻四个格子的流动不能成为一个封闭的环、两个格子流向不能相对以外,水流可以朝四个不同方向流动,可以随机拐弯和绕过其他的河流。模型计算结果如图 10 - 3。对比 L. B. Leopold 的假想水系,采用元胞自动机模型计算得出的水系是相当相似的。按照流量大小的不同,元胞空间内形成了大小不同的独立流域,单个流域内随着河流分支现象明显,随着水流的不断汇入,主流的流量不断增加,河流级别也不断提高。由于水流的随机游移,在平面内出现了多条外流河流,还存在内流河流。图 10 - 3 中以不同的颜色代表不同的流量级别。流域在分水岭内发育了典型的五级河流。

10.3.1.2　坡降模式

天然水系的产流区往往不是平坦的,地形的起伏不平很大程度上影响了不同水系的走向。Schidegger[30]针对阿尔卑斯山坡上坡度很陡的特点,让每一个方格中地表水向前(下坡方向)流动的概率为 0.5,向左右流动的概率均为 0.25,得到了与 Rhone 河河谷的实际分布相似的水系。我们也用元胞自动机

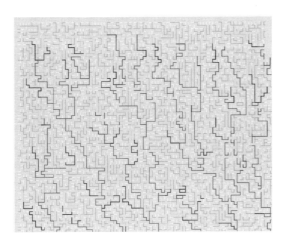

图 10‑3　水系随机游移模式的元胞自动机模拟

模型对地形变化进行了简单的复演。

　　由于天然水系坡流形成阶段往往是在一定坡度的坡面上发育,水流流量也只限于下、左下和右下三个方向,故我们采用了 Moore 型邻居关系(图 10‑4)。

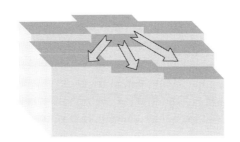

图 10‑4　Moore 型邻居关系(箭头表示水流方向)

　　不同方向不同概率的计算结果如图 10‑5。由图可见,根据不同的流动概率,元胞模型可以较形象地模拟不同条件下的天然水系。如图 10‑5(3)由于向右的概率增大,发育水系的流向具有西北—东南方向偏转的趋势;该图模拟的水系形态与淮河中游水系具有一定的相似性。

10.3.2　水系形成的元胞模型

　　在前文的基础上,可以构建简化的水系形成元胞模型。该模型基于随机游移模式构建,模拟了在一定的坡面上,水系由单元产流到坡流到河网形成的过程。

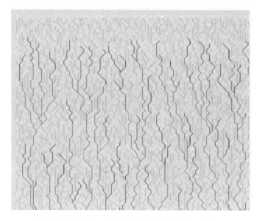

（1）向左、下、右的概率之比为 1∶1∶1

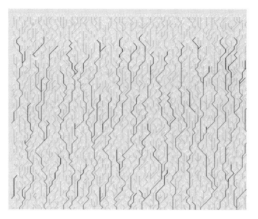

（2）向左、下、右的概率之比为 1∶2∶1

（3）向左、下、右的概率之比为 1∶1∶3

图 10‑5　坡降模式

10.3.2.1　模型构建

（1）元胞及状态

元胞及状态包括两个不同的特征值：1）具备高程值的地形单元,模拟真实的流域地形;2）具备流量值的河流,模拟包括：坡流和河网在内的水系。

（2）邻居定义

采用了标准 Moore 型邻居关系。出于简化计算考虑,结合水系发育实际,每一个元胞产生的水流(坡流)将流入下、左下和右下三个元胞(图 10 - 4)。

（3）转化规则

原始元胞 0 水流流往三个方向的概率采用 Murray[14] 方法确定：

$$P_i = \frac{S_i^n}{\sum_j (s_j)^n} \tag{10-2}$$

其中 S_i 为元胞 0 到元胞 i 的坡降。Murray 经过理论推导和实测资料分析后认为,n 取值 0.5,在模型中我们也采用了这个数值。

（4）演化过程及时间

简化模型为非耦合模型。不考虑水系发展带来的地形变化。先根据地形资料按照(10 - 2)式获得流域内每一个元胞的水流方向。每一次循环,如果元胞内有水量,则按照水流方向流向下一个元胞。元胞的总流量即为流经该元胞的水流之和。经过计算,循环次数超过 150 时,几乎所有的原始水流均已循着形成的水系流域。为安全考虑,取循环次数为 200。

由于该元胞模型为根据水槽试验实际构建,故离散时间可以较容易地转化为实际时间。

10.3.2.2　计算结果与验证

由于天然水系干扰较多,难以获得较完整的实测资料;中科院地理所金德生[31] 等人进行了降雨、产沙与水系形成的水槽试验研究,取得了有意义的研究成果,该水槽试验具有水系形成的种种特征。我们以金文的水槽试验为原型,验证来水系形成元胞模型的模拟结果。

模型计算结果和试验资料对比如图 10 - 6。由图可见,模型水系在形状上与试验结果相似良好。构造的数量和形状、分布均具有较好的相似性。边界

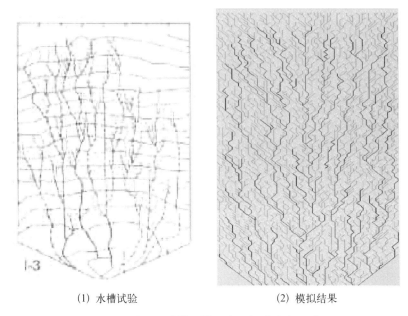

(1) 水槽试验   (2) 模拟结果

图 10-6   水系形成模型模拟结果与试验结果对比

尤其是下边界出口位置有一些偏离,这主要是因为构造的简化模型为非耦合模型,模型地形为试验水槽的原始地形,没有考虑水系形成后的地形变化。

事实上,水系尤其是坡面产流与地形变化有强烈的耦合关系,随着水系的形成、水流的不断侵蚀,流域地形发生了较大的变化。地形变化、产沙量均是坡流的结果。构造水系、地形的耦合元胞数学模型,必将有更广阔的应用前景。

10.3.3   水系形成元胞模型的扩展应用:产流模式

构造元胞自动机模型的意义不仅在于对水系形成现象进行模拟,更能够通过合理的动力学过程模拟获得可靠的或者其他实测资料、模拟方法难以获得的结论。产流模式即为一简单的应用实例。

不同流域单元产流量的差别是导致天然水系形态差别的主要原因之一。影响流域单元产流量的因素有气候因子(降雨)、植被因子、土壤因子和土地利用因子等。影响天然水系变迁的因子如地质、地形因子等往往是一个漫长的地质历史过程,但流域单元产流量却由于植被因子、土壤因子相对快速地变化,从而使得水系的变迁时间大大缩短,人类活动的参与使得变化产流量促发的水系变迁现象更具有现实意义。如 Govindaraju[32] 揭示了美国城市化过程中,由于不同的土地利用类型带来的水系的变化;孟飞[30] 等基于遥感资料和 GIS 分析,对 2000—2003 年浦东新区河网(包括河流、池塘、养殖鱼塘)与其他土地利用类型之间相互转变数量特征,河网水系的变化强度、河网流失强度的区域分异特征进行了描述和分析,认为城市化进程迅速,河网水系缩减迅速。

　　产流量对水系的影响,如干旱区的河网密度远小于湿润区的河网密度等定性结论已经取得了普遍的共识。但定量结论多产生于地图、遥感遥测等天然水系资料,而天然水系受干扰较多,得出的结论适用性较差。

　　基于以上背景,我们设计了产流模式,探讨不同产流情形下水系的特征。

10.3.3.1　随着元胞产流量的增大,水系级别和密度也不断加大

　　图 10 - 7 为不同产流量时随机模式形成的水系结果。以对角线为界,左下区单个元胞产流量为 2,右上区单个元胞产流量为 1。由于右上区产流量较少,相应的水系密度也相差较小。这与自然界的实际是一致的。天然条件下,干旱区的河网密度远小于湿润区的河网密度。

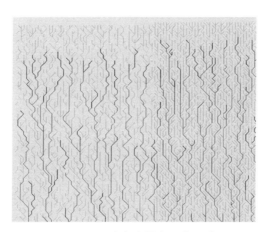

图 10 - 7　不同元胞产流量水系结果对比
(左、右区域单位产流量之比为 1 : 2)

10.3.3.2　河流密度与产流量的关系

　　图 10 - 8 为随机模式下统计的单位元胞产流量和河流长度的关系。由图可知:(1)随着单位元胞产流量的增加,不同级别河流的密度均有增大的趋

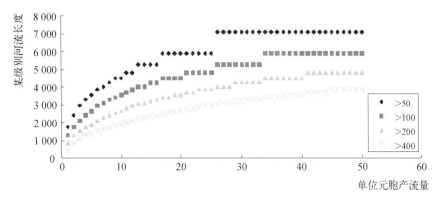

图 10 - 8　产流量与河流长度关系

势;(2) 产流量增加值与河流长度增加值的关系与河流级别(流量)有关。

当产流量/河流流量大于一定数值后,在一定范围内,产流量的变化对河流总长度影响较小,但超越某一临界值时,河流总长度将发生突变。

10.4　水系发展的元胞自动机模拟

天然水系形成以后,由于种种因素,水系会发生变化。水系的变迁受气候、地质、地貌甚至人类活动的影响。其中促使水系变化的主要原因是地壳的构造运动,此外,地球的自转运动也起到一定的作用。

构造运动主要引起了地质、地形条件的改变,从而改变水系。地球自转运动主要反映在水系动力条件的改变上,从分布上看,主要发生在江河下游,尤其是高纬度地区河流更为明显。对于水系的初始形成阶段,地球自转运动作用并不显著。

在水系的演变中,河流的袭夺起了重要的作用。袭夺使得河流能摆脱内流流域的局限,进入另一广阔的空间。在漫长的水系发展过程中,河流袭夺成为改变水系格局的一个重要因素。河流袭夺是指在特定的条件下,河流在溯源侵蚀向上延伸的过程中,切穿分水岭,进入邻近流域,把邻近流域中位于较高处的河流引入本流域下泄,从而改变了水系的格局。河流袭夺现象往往是构造运动带来的结果,此外还与具体的地形、地质条件有关。如当岩体的侵蚀性较强时,袭夺的可能性增加。

由此在构建水系发展元胞模型时我们着重考虑了几个方面:

（1）地形、地质条件的模拟。地壳构造运动最终影响水系，主要还是通过改变地形条件实现的。结合实际地形定义元胞不同的高程值，采用类似于数字化高程系统（DEM）的数字化元胞系统，有助于对地质、地形条件的有效模拟。

（2）气候和土地类型因子主要通过元胞产流量模拟。当气候湿润多雨时，元胞产流量增加；当干旱少雨时，元胞产流量减少。

（3）天然水系发育具有方向性，总是力求向相对沉降区的中心迁移。这一点通过随机模式实现。

（4）水系的袭夺与河流的溯源侵蚀过程有关。模型中可概化为当距离小于定值且地形高差大于定值时。

10.4.1　模型构建

我们采用了 Microsoft 公司的 Visual Basic6.0 软件进行模拟计算。

元胞定义及状态：根据实际地形适当概化，元胞为带地形的地表单元或带流量的水系单元。

邻居关系：采用 von Neumann 型邻居关系，如图 10-1(1)。每个元胞内的水流可流入上、下、左、右四个邻居元胞。

转化规则：当邻居元胞高程小于当前元胞时，水流才能流动。水流向能流动的邻居分配，分配概率为：

$$P_i = \frac{S_i^n}{\sum\limits_j (s_j)^n} \qquad (10-3)$$

10.4.2　应用实例：东昆仑阿拉克湖地区第四纪水系演化过程

位于青海省境内的东昆仑-巴颜喀拉山地区作为母亲河黄河的发源地而引人瞩目(图 10-9)，特别是近 10 年来黄河下游的多次断流、黄河流域干旱加剧等现象引起了众多地质工作者对黄河源地区晚新生代高原隆升引起的环境变化、地貌演变、水系变迁的重视[34-36]。

李长安[34, 35]等通过研究后认为：早更新世以前，东昆仑山随青藏高原一起抬升，且尚未凸出于高原面之上，区内湖泊遍布，水系为入湖的短小河流。早更新世末，强烈的构造隆升使东昆仑山隆起，凸现于高原面之上。同时，沿

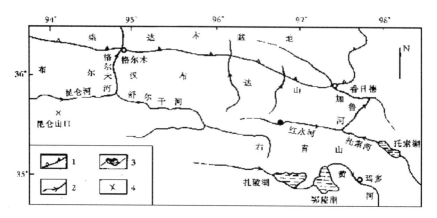

图 10 - 9　东昆仑山水系略图(1 盆地边界,2 水系,3 湖泊,4 山口)

昆南断裂带形成一条近东西向断陷谷地;区内湖泊消亡,地表径流汇入昆南谷地,形成一条近东西向的大河。大约 150 kaBP 前后,由于昆仑山与柴达木之间的强烈差异运动,加鲁河、格尔木等河流强烈溯源侵蚀,切过布尔汉布达山,袭夺了近东西向的大河,并将其分为 4 段。全新世以来,随着东昆仑的隆升,加鲁河上游的强烈溯源侵蚀使布青山分水岭向南推移了 6~10 km。目前,仍以较强的溯源侵蚀势头,向黄河源方向发展,大有与黄河争源的趋势。

　　我们建立了一个概化的水系发展元胞模型,来模拟东昆仑阿拉克湖地区第四纪水系演化过程。为摈弃次要因素,抓住主要矛盾,地形和地质过程均作了适当的概化(图 10 - 10)。主要模拟了:(1) 区内湖泊遍布时,水系为入湖的

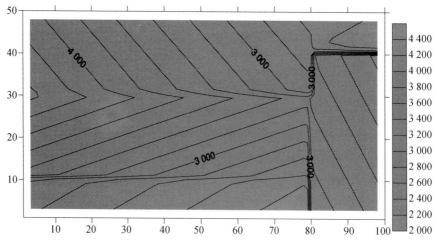

图 10 - 10　东昆仑山阿拉克湖地区地形概化图

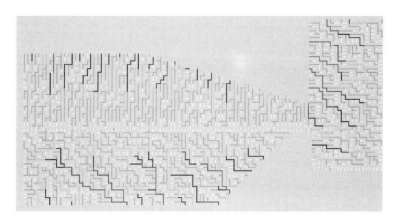

图 10‑11　第一阶段模拟水系(短小河流)

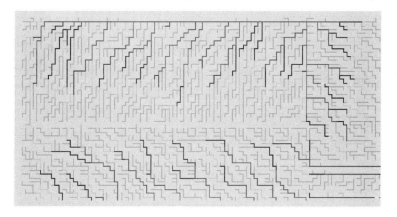

图 10‑12　第二阶段模拟水系(湖面消失、大河形成)

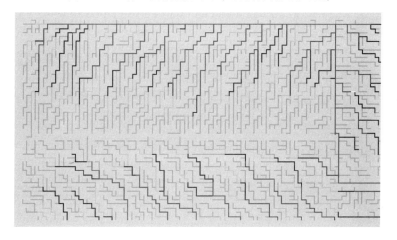

图 10‑13　第三阶段模拟水系(河流袭夺)

短小河流;(2) 地形变化,湖面减小,断裂谷地发育,单一大河形成;(3) 河流强烈溯源侵蚀,袭夺现象发生。图 10-11 至 10-13 分别模拟了这三个过程。模拟结果和模型实践与天然河道发展趋势吻合良好。

10.5 结论与小结

本章引入元胞自动机,初步建立了一个水系形成与发展的数学模型。

(1) 介绍元胞自动机的概况、工作原理以及作为空间动力学模拟的优点、要解决的问题;认为元胞模型是解决自组织复杂现象的有效数学工具之一。

(2) 明确了元胞自动机在解决河流自组织问题时的优点及其根源,进一步阐述了河流元胞自动机模型建立应解决的基础问题。

(3) 构造元胞自动机模型能对水系形成现象进行模拟,更能够通过合理的动力学过程模拟获得可靠的或者其他实测资料、模拟方法难以获得的结论。

(4) 在水系形成"随机游移"模式与坡降模式的基础上,结合水槽试验地形构建了水系形成元胞模型;模拟结果与天然水系和水槽试验实际吻合良好。

(5) 构造水系形成的产流模式,揭示单元产流量与河流长度以及河流级别的关系。

(6) 初步建立了水系形成的元胞模型。对水系形成、发展、袭夺等现象进行模拟。

(7) 以东昆仑阿拉克湖地区第四纪水系演化过程为例,模拟了天然水系的发展历程,并对发展趋势进行了预测。模型实践与天然河道发展趋势吻合良好。

第 11 章

河型元胞自动机模拟的初步研究

河型成因及转化规律是河流再造床问题的核心和关键所在,至今没有定论。传统的数学模型都是建立在已知的河床演变规律基础上,因此对探索未知领域的河型等问题的研究往往无能为力。河型的数学模拟是近年来才逐渐出现和发展的新方向,是水槽试验的有力补充、探讨河型演变规律的有效手段。本章采用元胞自动机,进行了河型元胞数学模型的初步尝试,对游荡型和弯曲型河流的发育过程和结果进行了初步模拟。

11.1　概述

随着以计算机为代表的新技术的出现,传统的科学研究领域取得了长足的进步和突破性的发展。尤其是可进行海量数据计算的数学模型的出现,更为传统的科学研究提供了新方法、新工具,在几乎所有科技领域得到了迅猛的发展和广泛的应用。

河型研究自 20 世纪 40 年代以来已经有了长足的进步,但至今没有定论,一个很重要的原因就是研究方法长期停留于经验性研究,即局限于实际资料的整理分析提升和有限组次的实体试验研究;理论性研究又往往缺乏有力实际数据的支持而不具有较大的现实意义,从而造成了理论和实际的脱节,影响了问题的深入解决。数学模型的引入,不仅可以在进行实测资料的整理分析、在已有规律基础上模拟河流的演变过程和结果,促使经验性研究更全面、更深入地发展;而且有可能在合适的数学模式下,开展未知规律的研究和探讨。河型数学模型的建立,不但使得模型试验之外,又多了一个有效的工具和手段,也使得理论与河流现实的紧密结合成为可能,进而促使整个领域研究的发展。

河型研究的影响因素多,作用复杂,增加了建立数学模型的难度,因此至今涉足甚少。元胞自动机是许多领域包括地理学领域运用较多的一种数学建模工具，能较好地对复杂自组织现象进行模拟。上章介绍了元胞自动机的特点、优点及其应用，并建立了水系形成与发展的元胞数学模型。本章我们以河型水槽试验为蓝本，以模拟河流造床的过程与结果为出发点，初步建立河型的元胞自动机模型。

近年来，元胞自动机在与河型相关的地理学科中得到了广泛的应用。早在 20 世纪 60 年代，Hage Rstrand[1] 在他的空间扩散模型的研究中就采用了类似于元胞自动机的思想。Tobler[2] 在 70 年代采用元胞自动机概念来模拟当时美国底特律地区城市的迅速扩展。Young 和 Wadge[3] 应用元胞自动机模型分析和模拟了火山爆发时，火山熔岩在重力作用下的漫流扩散过程。Smith[4] 设计了一个简单的元胞自动机模型，模拟了地形侵蚀的过程，并把结果与其他模型对比，展示了简单元胞自动机模型的强大模拟功能。周成虎[5] 建立了一个城市动态演化模拟的元胞自动机模型，较好地模拟了城市的动态演变。

元胞自动机模型真正开始应用于河流动力学研究，最早的当属 Murray A. B. 和 Paola C.[6,7]。作为开拓者，Murray A. B. 等人的尝试是非常有意义的，不仅较好地实现了辫状河流的动力发展过程，还解决了元胞状态、离散时间等基础性问题，开创了元胞河型模型的先河。R. Thomas[8] 在前者的基础上建立了一个改进的元胞模型，较好地模拟了辫状河流的水流过程。Hans-Henrik Stolum[9] 研究了弯曲河道的自组织过程。应当指出，Murray 和 Thomas 的模型只涉及辫状河流，不是具有典型特征的河流，而后者甚至仅仅是一个水力学模型，并没有涉及河道的变形；Hans-Henrik Stolum 更多地从数学角度来分析，缺乏河流实际因素的介入。

在长期的河型概化水槽试验过程中，我们取得了一些进展，也获得了大量的实测数据和资料。针对前人研究的局限，本章尝试结合水槽试验，进行河型元胞自动机的模拟。并在此基础上，促成河型变化机理的再认识。

11.2　A. B. Murray 模型和 R. Thomas 模型简介

作为开拓者，A. B. Murray[6, 7] 和 R. Thomas[8] 成功地将元胞自动机引入河流动力学以及河床演变学领域，本节对他们的研究成果分别进行评述。

11.2.1　A. B. Murray 模型

1994 年，A. B. Murray 和 C. Paola 率先推出了一个辫状河流的元胞模型，开创了河型数学模型的新纪元。Murray 在如下假设的基础上构建了元胞模型：

（1）元胞及状态

Murray 认为元胞分别代表水流、河床以及床沙。其中河床和床沙是可相互转化的。

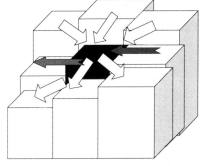

（2）邻居定义

采用了标准 Moore 型八邻居定义（图 11-1），具体使用时不考虑回流，每个元胞的水流流向下行三个元胞。床沙运动为左右移动。

图 11-1　元胞邻居定义（白色箭头为水流方向，灰色箭头为床沙运动方向）

（3）演化规则

A. B. Murray 在水流运动规则和泥沙运动规则上作了深入的研究。其中水流运动规则为：

$$Q_i = \frac{S_i^n}{1/\sum_j (s_j)^n} Q_0 \tag{11-1}$$

或

$$Q_i = \frac{S_i^{-n}}{1/\sum_j (s_j)^{-n}} Q_0 \tag{11-2}$$

其中，式（11-1）和（11-2）中的系数 n，结合水力学公式计算为 0.5。

辫状河流具有复杂的泥沙运动规则，A. B. Murray 由简单到复杂，依次构造了六种泥沙输移模式：

$$Q_{si} = K\left[Q_i\right]^m \tag{11-3}$$

$$Q_{si} = K\left[Q_i S_i\right]^m \tag{11-4}$$

$$Q_{si} = K\left[Q_i(S_i + C_s)\right]^m \tag{11-5}$$

$$Q_{si} = K\left[Q_i S_i + \varepsilon \sum_{j=1}^{3} Q_{uj} S_{uj}\right]^m \tag{11-6}$$

$$Q_{si} = K \left[Q_i (S_i + C_s) - Th \right]^m \qquad (11-7)$$

$$Q_{si} = K \left[Q_i S_i + \varepsilon \sum_{j=1}^{3} Q_{uj} S_{uj} - Th \right]^m \qquad (11-8)$$

此外,A. B. Murray 还对模型时间等问题作了探讨,图 11-2 为 A. B. Murray 模型的部分模拟结果。由图可见,A. B. Murray 使用简单的数学模式,成功模拟了复杂的辫状河流发育。

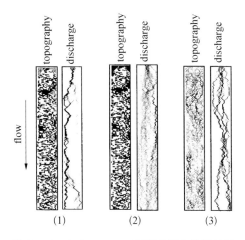

图 11-2   A. B. Murray 模型的部分模拟结果

11.2.2   R. Thomas 模型

R. Thomas 在 A. B. Murray 模型的基础上作了一些改进:(1) 在 A. B. Murray 模型的邻居定义中,一个元胞下邻三个元胞,因此水流和河槽的夹角最大为 45°,但天然河流中许多超过了 45°。Thomas 定义了一个新的邻居结构,一个元胞下邻五个元胞。(2) 对水流运动规则作了大幅度的改动,采用了两套模式:校准模式和非校准模式。计算组式分别为:

$$q_i = \frac{P_i}{\sum_{i=1}^{5} P_i} q_0 \qquad (11-9)$$

$$h_0 = \left(\frac{q_0}{f} \right)^D \qquad (11-10)$$

$$h_i = h_0 + z_0 - z_i - S_0 \Delta x \qquad (11-11)$$

$$P_i = h_i^{1.67} S_i^m \tag{11-12}$$

和

$$q_i = \frac{P_i}{\displaystyle\sum_{i=1}^{5} P_i} q_0 \tag{11-13}$$

$$h_{\max} = \left(\frac{q_0}{f}\right)^{0.67} \tag{11-14}$$

$$h_i = h_{\max} + z_{\min} - z_i - S_0 \Delta x \tag{11-15}$$

$$P_i = h_i^{1.67} S_i^m C_i \tag{11-16}$$

$$C_i = \left(\frac{\bar{w} - z_i}{h_i}\right) \tag{11-17}$$

Thomas 模型是一个水流模型,改进之后在模拟辫状河流中的水流分布上获得了较大的成功。甚至与较成熟的传统水流模型 Hydro2de(基于 Navier-Stokes 方程构建)计算结果比较,尤其在局部水流中具有优势。图 11 - 3 为 Thomas 模型模拟的辫状河流水流分布,体现了较好的模拟效果。

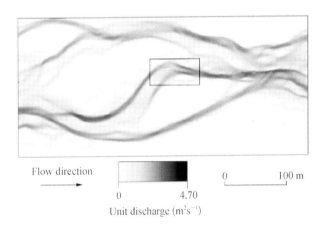

图 11 - 3　Thomas 模型的部分模拟结果

11.3　河型二维数学模型的建立

我们以前文所述的河型概化水槽试验为蓝本,构造河型的元胞自动机模型。在概化水槽试验中,初始河道为人为塑造的窄河槽,水流通过对河岸的侵蚀以及河槽与水流的作用而形成稳定的河型。为此,我们以河床、不稳定河岸(水流浸润)、稳定河岸为元胞的三种状态,建立河床由原始河槽平面扩张的二维元胞自动机模型。该模型基于以下假设:河槽平台由均匀沙组成,各处物理性质相同;地形略有坡度(即河谷比降);水流方向顺直向下。

11.3.1 自由河流发展元胞模型

11.3.1.1 元胞自动机模型的要素

本模型各要素定义分别为:

元胞空间:元胞空间是依照一定的分辨率概化划分的离散网格,每个单元为正方形单元,与 GIS 中的栅格结构基本一致,全河道平面(包括河床和河漫滩)共 100×500 个元胞。

元胞状态:在自由河流发展元胞模型中,元胞共分为三种状态:0 代表稳定河岸,1 代表不稳定河岸(即浸润后的河岸),2 代表河槽。当研究对象为平面发展时,不稳定河岸外形上与稳定河岸并无区别,有时也划分为河槽、河岸两种状态。

邻居定义:采用标准的 Moore 邻居类型,即每个元胞以八个相邻元胞作为其邻居元胞。

离散时间:结合水槽试验的实际发展过程,对模型的离散时间作了分析和定义。

演变规则:转化规则以模拟河流发育的过程为出发点,作了如下假定:

(1)元胞状态由 0 变成 1,1 再变成 2,不具有可逆性。即河岸慢慢浸润,最终变成河槽一部分的过程。

(2)引入影响因子 P。不同位置邻居对元胞的影响因子不同,假定水流方向由上向下,各邻居元胞对中心元胞的影响因子关系如图 11-4。

对于图形中间元胞 0 位置,各邻居

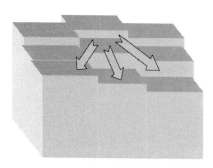

图 11-4　简化模型邻居关系

的影响因子 P_i 有如下关系:

$$P_2 > P_1 = P_3 > P_4 = P_5 > P_6 = P_8 > P_7 \qquad (11-18)$$

$$X_0(t+1) = \sum_{j=1}^{8} P_j \parallel X_j - X_0 \parallel \qquad (11-19)$$

这里

$$\parallel X_j - X_0 \parallel = X_j - X_0 (\text{当 } X_j > X_0) \text{ 或 } 0(X_j \leqslant X_0) \quad (11-20)$$

（3）引入转化概率。天然河流和水槽试验均表明,河道的变化具有一定的随机性,相同条件下的局部河道变化不一定相同。河道变化的随机性不仅与河道边界条件的不均匀有关,还与水流紊动的随机性、泥沙起动的随机性有关。为此,模型中引入了转化概率函数,来模拟河道的复杂变化过程。

（4）随着河槽展宽,即同一横坐标中 $X_i = 2$ 的元胞增多,即水流分散,造床能力减小。此时转化概率 P 整体变小。为此,必须建立转化概率与河道展宽之间的函数关系。

模型成败的关键在于影响因子和转化概率的确定。试验室模型小河元胞关系间的影响概率既与河床的边界组成包括泥沙粒径、物理化学性质等有关,也与水流的结构、应力分布以及河谷比降有关。必须结合水槽试验,作出较准确的表达,才可能模拟分析河型形成及转化的全过程。

天然河流的河岸变化过程更为复杂。岸滩侵蚀的机理的难以定量确定是制约河流准确预测的根源之一。如夏军强[10]在研究游荡河流的岸滩侵蚀时认为河岸的变化过程为:近岸水流直接作用于滩岸,冲动滩岸边坡上水面以下的表层土体,并将它们带走,从而导致滩岸冲刷。对于黏性土组成的滩岸(简称黏性滩岸),其岸坡上的土体,起动时除了受到水流作用于岸壁的推力、上举力以及有效重力的作用,还受到颗粒间黏结力的作用。颗粒间黏结力的大小与滩岸土壤的矿物成分、含水量等物理化学特性密切相关[11]。为了定量地表示滩岸抗冲性能的强弱,夏建议可以用起动切应力或起动流速表示其大小。

11.3.1.2　模型运算结果及分析

VB 是一种具有较强可视化、交互性和计算功能的软件。简化模型采用 VB 编程计算、显示、交互。

自由发展模型计算结果如图 11-5。图(1)(2)(3)(4)分别为初始河槽形态、5 循环河槽形态、20 循环河槽形态以及 50 循环河槽形态。由图可见,自由发展元胞模型能较好地模拟河流自由展宽的过程和犬牙交错岸线发展的特征。

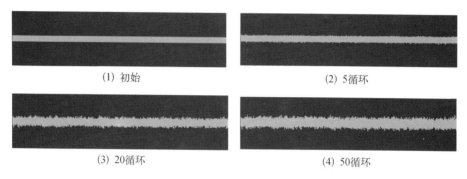

(1) 初始　　　　　　　　　　　　　(2) 5循环

(3) 20循环　　　　　　　　　　　　(4) 50循环

图 11-5　元胞模型河槽平面扩展

图 11-6 为元胞模型河宽随时间变化以及水槽试验河宽随时间变化的比较。由图可见,在较好的参数选择下,元胞模型能基本反映河槽的展宽过程。

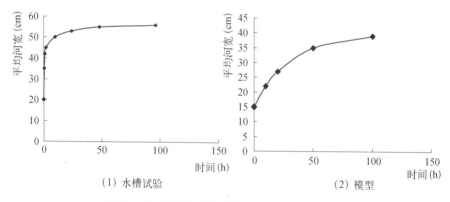

（1）水槽试验　　　　　　　　　　（2）模型

图 11-6　模型与水槽试验河宽随时间变化对比

11.3.2　曲流模型

天然河流很难找到超过 10 倍河宽的顺直河段。水槽试验也表明:无论初始水流角度如何,试验河流都具有弯曲的趋势。只是由于边界条件的不同,水流弯曲的表现不同:当边界条件限制水流的弯曲时,河流表现为顺直型;当边界条件能容许水流弯曲并表现一定的稳定性时,河流发展为弯曲型;当边界条件不能限制水流弯曲,稳定性差时,河流表现为游荡型。

入流角挑射更加促进曲流的形成[12]。天然河流和试验小河都证明:弯曲河流很少是单个的弯道,而是一些系列的河湾的集合。一个河湾的形成与改变都将促进或改变上下游的河湾[14]。试验表明:折冲反射对是曲流形成的重要途径之一。

因此,除了模拟边界的随机、随时间变缓的规律,自由河流的河型发育一个重要的方面就是模拟水流弯曲带来的河道弯曲。因水流呈"S"型发展,导致河道也呈"S"型发展。在多数水槽试验中,水流弯曲带来的河流变形,比随机变形更为显著(图 11-7)。我们在自由发展元胞模型基础上,构造了入流角促成了曲流平面元胞模型。

图 11-7　自由河流的"S"型

曲流元胞模型元胞要素与自由发展元胞模型一致。仅在演变规则上添加入流角的折冲反射。具体为:

添加入流发射位置影响因子 P_i^2。当状态为 0 的元胞处于入流顶冲位置时,位置影响因子增大,转化概率增大。同时反射顶冲,入流角影响向下游发展。入流角顶冲角度初始为 45°,后根据试验调整为 arctg0.5,即长宽比为 2:1。

曲流模型模拟的河流平面如图 11-8。模拟结果与水槽试验结果相似良好。

(1) 10循环　　　　　　　　　　　(2) 20循环

图 11-8　改进型平面发展

11.4　河型三维曲流数学模型的初步研究

河型研究的关键不仅在于河流岸线等平面的变化,更在于滩、槽等具体形态的形成与演变,此时,建立反映地形变化的三维数学模型具有更大的意义。

Murray 在构造辫状河流元胞模型时模拟了床沙质构就的滩槽演变,但更多的是平面二维模型,没有反映地形的特征。Thomas 模型较精细地反映了河流地形特征,却没有涉及河槽的变形,因而更多地属于水力学模型。本节在前人的基础上,结合概化水槽试验的实际,进行河型三维曲流数学模型的初步尝试,模拟水流造床的过程与结果。

11.4.1　元胞自动机模型的要素

本模型各要素定义分别为:

元胞空间及状态:除与二维模型一样的离散网格之外,三维模型的元胞还包括了高度(即地形的高程)值,每一个元胞为一个包括位置(X/Y)和地形(Z)的立方体。全河道平面(包括河床和河漫滩)共 30×100 个元胞,这 3 000 个元胞就构成了一个元胞模拟系统。初始值对应概化水槽试验的初始地形(图 11-9)。

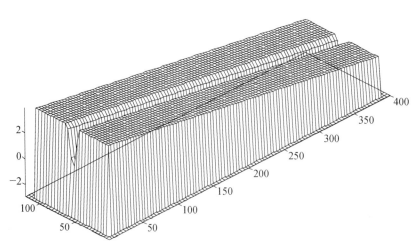

图 11-9　试验网格布置(比降 1%)

除了地形外,元胞空间还同时反映了水流的因素,不同的元胞值即为该元胞的单宽流量。

邻居定义：采用标准的 Moore 邻居类型，即每个元胞以八个相邻元胞作为其邻居元胞。

离散时间：结合水槽试验的实际发展过程，对模型的离散时间作了分析和定义。

演变规则：曲流三维模型的核心在于在曲流冲刷条件下的边滩的形成与发育。边滩的存在和发育与河道水流条件具有直接的联系。为此我们在前人基础上构造元胞模型的演化规则：

水流运动规则。基于 Thomas 水流模型构建。前文已经介绍，该模型具有良好的模拟水流条件的优点，采用式（11－9）至式（11－17）可计算特点地形条件下的水流条件。模型构建为非耦合模型，水流运动规则仅用于在河床变形完成后进行水流分配计算，而不影响河床变形。

河床变形规则。在前人研究及图 11－5 的基础上，我们将河床变形规则作了多方面的概化。主要有：

（1）添加和固定折冲水流及顶冲点。我们在第 2 章已经表述了天然河流最佳弯道形态的观点，即在前人的研究基础上，认为一定的河道边界条件和水流条件下，存在一个相对稳定的最佳弯道形态。

（2）河道冲刷与淤积。在简化模型中，我们将河床变形因素主要概化为如下几条：1）主流冲刷，顶冲面冲刷；2）远离主流与顶冲面淤积；3）当相邻元胞高程差值过大时，高点冲刷，低点淤积，从而复演天然河道中高差过大引起的崩塌现象。

11.4.2　计算结果与讨论

模型计算地形与水槽试验地形对比如图 11－10。由图可见，元胞模型初步模拟了弯道与边滩的形成。但由于概化较多，弯顶以及边滩效果还有待于进一步改进。

图 11－11 是根据计算最终地形计算的最终水流形态。除局部地区外，主流集中、弯曲的趋势明显。30 行和 70 行右岸弯道由于存在双槽过流，水流较为分散。

在长期的水槽试验中，我们已经发现边滩的稳定与否是曲流能否存在的关键。在元胞模型中，能获得弯曲河流的一个关键是固定了折冲发射的稳定

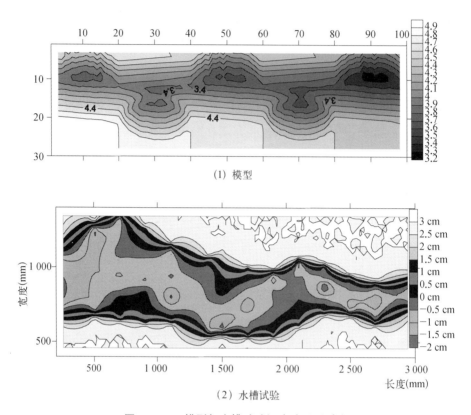

（1）模型

（2）水槽试验

图 11‐10 模型与水槽试验河床地形图对比

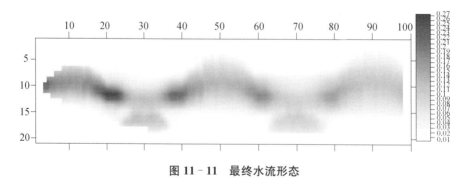

图 11‐11 最终水流形态

主流。但天然河流和试验河流中，由于边滩容易被切割和冲刷，主流位置不断变更，主流冲刷位置也不断改变，从而容易呈现散乱的形态。如何结合边滩的稳定性建立更贴合实际、并具有预测功能的元胞模型，还有待于进一步工作。

11.5 结论与小结

在前人研究的基础上,本章进行了河型元胞自动机数学模型的初步尝试。主要内容和结论如下:

(1)介绍和评述了 Murray 模型和 Thomas 模型,阐明了两模型的主要原理。

(2)建立了自由河流发展元胞模型,引入位置影响因子和转化概率函数,较真实地模拟了河流发育的随机过程。

(3)在入流角折冲发射的基础上,建立了曲流元胞模型,模拟出与试验河流极为相似的过程与结果。

(4)初步建立了曲流三维元胞模型。构造了弯道和曲流的形成。认为边滩的稳定与否是曲流能否存在的关键。

参 考 文 献

第 1 章

1. Leopold L. B. , Wolman M. G. . River channel patterns: braided, meandering and straight [P]. US Geol Survey Pro. , 1957: 282 - B.

2. Lane E. W. . A study of the shape of channels formed by natural streams flowing in erodible material. MRD sediment series No. 9, US Army Engineer Division, Missouri, Corps Engineers, Omaha, Nebraska, 1957.

3. 方宗岱. 河型分析及其在河道整治上的应用[J]. 水利学报, 1964(1): 1 - 12.

4. 中科院地理研究所河流组. 渭河下游河流地貌[M]. 北京: 科学出版社, 1983.

5. 林秉坤. 河型的划分[J]. 南京大学学报, 1963(1): 15 - 21.

6. S. A. Schumm. Sinuosity of alluvial rivers of the great plains [J]. Geol. Soc. Amer. Bull, 1963: 74.

7. S. A. Schumm. Fluvial geomorphology, the historical perpetive. Hsienwenshen, River Menchanics, 1971: I.

8. 钱宁. 关于河流分类及成因问题的讨论[J]. 地理学报, 1985(3), 40(1): 1 - 9.

9. 谢鉴衡. 河床演变与整治[M]. 北京: 水利水电出版社, 1990.

10. Frenette M. , Harvey B. . River channel processes [C]. In: Fluvial processes and sedimentation, 9th Canading Hydrology Symposium, 1973: 294 - 341.

11. S. A. Schumm. The fluvial system [M]. 1979: 3.

12. Einstein H. A. , Shen S. W.. A study of meandering in straight alluvial channels [J]. Journal of Geological Research，1964：5239－5247.

13. Parker G.. Self formed straight rivers with equilibrium bank and mobile bed. Part Ⅰ：The sand river [J]. J. FluidMech，1978，89：109－125.

14. Parker G.. Self formed straight rivers with equilibrium bank and mobile bed. Part Ⅱ：The gravel river [J]. J. FluidMech，1978，89：127－146.

15. 倪晋仁,马蔼乃. 河流动力地貌学[M].北京：北京大学出版社,1998.

16. 倪晋仁.论顺直河流[J].水利学报,2000.12：14－20.

17. Friedkin, J. f.. A laboratory study of the meandering of alluviol river. U. S. Water, Exp. Sta. , 1942.

18. 唐日长.蜿蜒性河段成因的初步分析和造床试验研究[J].人民长江,1964(2)：13－21.

19. 尹学良.河型的试验研究[J].地理学报,1965. 12，31(4)：287－303.

20. S. A. Schumm, H. R. Khan. Experimental study of channel patterns [J]. Geol. Soc. Am. Bull, 1972, 83：1755－1770.

21. 洪笑天. 弯曲河流形成条件的试验研究[J].地理科学,1987.2,7(1)：35－43.

22. 金德生.边界条件对曲流发育影响的过程响应模型试验研究[J].地理研究,1986.9：12－21.

23. Charles E. Smith. Modeling high sinuosity meanders in a small flume [J]. Geomophology, 1998, 25：19－30.

24. 张俊勇,陈立.入流角对河道曲流形成的影响[J].水利水运工程学报,2003.1：63－66.

25. 钱宁,周文浩.黄河下游河床演变[M].北京：科学出版社,1965.

26. Schumm S. A.. Patterns of alluvial rivers Annu [J]. Rev. Earth Planet. Sci, 1985(13)：5－27.

27. Ferguson R. I.. Hydraulic and sedimentary controls of channel pattern [M]. In：Richards, K. S. Ed. , River channels：environment and process，IBG Spec. Publ. Ser. , 1987, 18：129－158.

28. Ashmore P. E.. Bedload transport in braided gravel-bed stream models [J]. Earth Surf. Processes Landforms, 1988, 13：677－695.

29. Ashmore P. E.. Channel morphology and bedload pulses in braided，gravel-bed streams[J]. Geografiska Ann. ，1991，73A：37－52.

30. Warburton J. ，Davies T. R. H.. Variability of bedload transport and channel morphology in a braided river hydraulic model [J]. Earth Surf. Processes Landforms，1994(19)：403－421.

31. 尤联元. 分汊型河床的形成与演变——以长江中下游为例[J]. 地理研究，1984(4)：12－22.

32. 罗海超. 长江中下游分汊河道的演变特点及稳定性[J]. 水利学报，1989.6：10－18.

33. 余文畴. 长江中下游河道水力和输沙特性的初步分析[J]. 长科院院报，1994.12：16－22.

34. 钱宁，张仁，周志德. 河床演变学[M]. 北京：科学出版社，1987.

35. 黄真理. 阿斯旺高坝的生态环境问题[J]. 长江流域资源与环境，2001(1)：18－23.

36. 钟刚. 从世界大河流域开发实践构想长江开发模式[J]. 长江流域资源与环境，1997(2)：122－126.

37. Kesel R. H.. Human modifications to the sediment regime of the lower Mississippi River flood plain [J]. Geomorphology，2003(56)：325－334.

38. 黄万里. 关于长江三峡卵砾石推移量的讨论[J]. 水力发电学报，1993(3).

39. 张俊勇，陈立，王家生. 河型研究综述[J]. 泥沙研究，2005(4)：76－81.

40. 尹学良. 黄河下游的河型[M]. 北京：中国水利水电出版社，1995.

41. 尹学良. 河型成因研究及应用[J]. 泥沙研究，1999.4：13－19.

42. 许炯心. 河型对含沙量空间变异的响应及其临界现象[J]. 中国科学(D 辑)，1997(6)：548－553.

43. 齐璞. 冲积河型形成条件的探讨[J]. 泥沙研究，2002.6：39－43.

44. 张洪武，赵连军，曹丰生. 游荡河型成因及其河型转化问题的研究[J]. 人民黄河，1996.10：11－15.

45. Van den Berg J. H.. Prediction of alluvial channel patterns of perennial rivers [J]. Geomorphology 1995(12)：259－279.

46. Lewin J. ，Brewer P. A.. Predicting channel patterns [J]. Geormorphology，2001(40)：329－339.

47. Van den Berg J. H., Bledsoe B. P.. Comment on Lewin and Brewer (2001): "Predicting channel patterns" [J]. Geomorphology, 2003(53): 333 - 337.

48. Lewin J., Brewer P. A.. Reply to Van den Berg and Bledsoe's comment on Lewin and Brewer (2001) "Predicting Channel Patterns" [J]. Geomorphology, 2003(53): 339 - 342.

49. 倪晋仁,张仁. 河型成因的各种理论及其间关系[J]. 地理学报,1991（3）: 366 - 372.

50. Yang C. T., Charles C. S. Song. Theory of minimum energy and energy dissipation rate [M]. Encyclopedia of Fluid Mech, Gulf Publishing Company.

51. Chang H. H.. Minimum stream power and river channel patterns[J]. Geol. Soc. Am. Bull., 1972(83): 1755 - 1770.

52. Haderson F. M.. Stability of alluvial channels [J]. Trans ASCE, 1963 (128): 657 - 720.

53. Parker G., On the development of river bend[J]. Journal of Fluid Mechanic, 1986(1962): 139 - 156.

54. Wolfram S.. Nversality and complexity in cellular automata [J]. Physica D: Nonlinear Phenomena, 1983. 1,10D(1 - 2): 1 - 35.

55. Wolfram S.. Cellular automata as models of complexity Nature. 1984. 10,311(5985).

56. Nelson, W. James. A cellular choreographer [J]. Nature, 2004 - 3 - 4, 428(6978): 28 - 29.

57. Dixit Sudhir (Nokia), Yanmaz Evsen, Tonguz Ozan K.. On the design of self-organized cellular wireless networks. IEEE Communications Magazine, 2005. 7, 43(7): 86 - 93.

58. Wooton J. T.. Local interactions predict large-scale pattern in empirically derived cellular automata. Nature, 2001 - 10 - 25, 413 (6858): 841 - 844.

59. Luo Wei. Landsap: A coupled surface and subsurface cellular automata model for landform simulation. Computers and Geosciences, 2001. 4,

27(3)：363 - 367.

60. D'Ambrosio Donato. First simulations of the Sarno debris flows through Cellular Automata modeling. Geomorphology，2003 - 8 - 15,54(1 - 2)：91 - 117.

61. Murray A. B. , Paola C.. A cellular model of braided rivers [J]. Nature，1994,371 (1)：54 - 57.

62. Murray A. B. , Paola C.. Properties of a cellular braidedstream model [J]. Earth Surf. Processes Landforms，1997, 22：1001 - 1025.

63. Thomas R. , Nicholas A. P.. Simulation of braided river flow using a new cellular routing scheme [J]. Geomorphology，2002(43)：179 - 195.

64. Hans-Henrik Stolum. River meandering as a self-organization process [J]. Science，1996.3,271：1710 - 1712.

65. Parker G. , Andrews. On the time development of meander bends [J]. Journal of Fluid Mechanics，1986.1, 162：139 - 156.

66. Ikeda S. , Parker G.. Bend theary of river meanders：1. Linear development [J]. Journal of Fluid Mechanics，1981.11, 112：363 - 377.

67. Parker G. , Ikeda S.. Bend theary of river meanders：2. Nonlinear deformation of finite-amplitude bends[J]. Journal of Fluid Mechanics，1982.2，115：303 - 314.

68. 张欧阳. 游荡河型造床试验过程中河型的时空演替和复杂响应现象[J]. 地理研究，2000.6，180 - 188.

69. Parker G.. River meanders in a tray [J]. Nature，1998,395 (10)：111 - 122.

第 2 章

1. 钱宁,张仁,周志德. 河床演变学[M]. 北京：科学出版社,1987.

2. Hans-Henrik Stolum. River meandering as a self-organization process [J]. Science，1996.3, 271：1710 - 1712.

3. 欧阳履泰. 试论下荆江河曲的发育与稳定[J]. 泥沙研究,1983.4.

4. 张笃敬. 天然河湾水流动力轴线的研究. 长江河道研究成果汇编,1987.

5. Schumm S. A.. Fluvial geomorphology：This historical perspective, in

river mechanics [M]. ed. by H. W. Shen,1971,1：30.

6. Chitale S. V.. River channel patterns [J]. Hyd. Div. Proc. , ASCE, 1970,96(HY1)：201-222.

7. 许炯心. 砂质河床与砾石河床的河型判别研究[J]. 水利学报,2002.10, 14-20.

8. Hooke J. M.. The distribution and nature of changes in river channel patterns：The example of devon, in river channel changes [M]. ed. by K. J. Gregory, John Wiley and Sons. 1977：265-280.

9. 陈立,张俊勇. 河流再造床过程中河型变化的实验研究[J]. 水利学报, 2003.7：42-45.

10. 谈广鸣. 汉江皇庄至泽口段撇弯切滩演变研究[J]. 泥沙研究,1996.6： 116-117.

11. 丘凤莲. 汉江下游河床演变的初步分析[J]. 泥沙研究,1996.6：101-104.

第3章

1. 钱宁,张仁,周志德. 河床演变学[M]. 北京：科学出版社,1987.

2. 曹民雄,蔡国正. 山区河流急流滩险航道整治技术研究. 北京：人民交通出版社,2006.

3. 余国安等. 山区河流阶梯-深槽研究应用进展[J]. 地理科学进展,2011.1, 30(1)：42-48.

4. 徐江,王兆印. 阶梯-深潭的形成及作用机理[J]. 水利学报,2004,35(10)： 48-55.

5. Church M.. Form and stability of step pool channels：Research progress. Water Resources Research,2007,43,W03415,doi：10.1 029/2006WR005037.

6. Curran J. C.. Step-pool formation models and associated step spacing. Earth Surface Process and Landforms,2007,32(1)：1611-1627.

7. Maxwell A. , Papanicolau A. N.. Step-pool morphology in high-gradient streams. International Journal of Sediment Research,2001, 16(3)：380-390.

8. 沈玉昌. 长江上游河谷地貌[M]. 北京：科学出版社,1965.

第 4 章

1. 钱宁,张仁,周志德. 河床演变学[M]. 北京:科学出版社,1987.

2. 黄胜,卢启苗. 河口动力学[M]. 北京:水利电力出版社,1993.

3. 严恺,梁其荀等. 海岸工程[M]. 北京:海洋出版社,2001.

4. 沈焕庭,潘定安. 长江河口最大浑浊带[M]. 北京:海洋出版社,2001.

5. 恽才兴. 长江河口近期演变基本规律[M]. 北京:海洋出版社,2004.

6. 交通部长江口航道管理局. 北槽航道回淤原因及减淤方案效果分析[R]. 2008.11.

7. 上海河口海岸科学研究中心. 长江口坐底三脚架水文泥沙观测成果[R]. 2012.8.

8. 上海河口海岸科学研究中心. 长江口航道发展规划若干关键技术研究报告[R]. 上海:上海河口海岸科学研究中心,2009.8.

9. 上海河口海岸科学研究中心. 长江口航道发展规划建设方案研究报告[R]. 上海:上海河口海岸科学研究中心,2009.8.

第 5 章

1. 董哲仁. 河流健康的内涵[J]. 中国水利,2005.4.

2. 董哲仁. 河流健康评估的原则和方法[J]. 中国水利,2005.10.

3. 张俊勇,陈立,张春燕,王志国. 支流入汇对汉江中下游的影响[J]. 武汉大学学报(工学版),2005(1):53-57.

4. 韩其为. 丹江口水库下游河床变形调查. 丹江口水库下游河床演变分析文集,1982.3:131-143.

5. 韩其为,向熙龙,王玉成. 床沙粗化. 第二次河流泥沙国际学术讨论会文集,1983.10:356-367.

6. 童中均,韩其为. 汉江丹江口水库下游河床冲刷和演变特点. 全国河床演变学术讨论会交流文件,1989.10.

7. 张本义. 丹江口水库下游河道的河型转化. 1989.10.

8. 何广水. 水库调节和区间汇流对丹江口水库下游河道的综合影响. 1989.10.

9. 湖北省交通规划设计院. 2003 年丹襄段施工图设计各滩群河演报告.

10. 丘凤莲. 汉江下游河床演变的初步分析[J]. 泥沙研究,1996.6：101 - 104.

11. 谢鉴衡. 河床演变与整治[M]. 北京：水利水电出版社,1990.

12. 杨彪. 三峡工程水位论证集. 重庆：重庆出版社,1994.

13. 梁之舜. 概率论及数理统计[M]. 北京：高等教育出版社,2005.

14. 钱宁,麦乔威. 多沙河流上修建水库后下游来沙量的估计[J]. 水利学报, 1962(4)：9 - 12.

15. 郭庆超,胡春宏. 黄河中下游大型水库对下游河道的减淤作用[J]. 水利学报,2005(5)：511 - 518.

16. 韦洪莲,倪晋仁. 三门峡水库运行模式对黄河下游水环境的影响[J]. 水利学报,2004(9)：9 - 17.

17. 张仁. 关于长江卵石推移量的讨论. 人民长江,1994. 3：50 - 54.

18. Schumm S. A.. Fluvial geomorphology：This historical perspective, in river mechanics [M]. ed. by H. W. Shen, 1971, 1：30.

19. 许炯心. 汉江丹江口下游游荡段河岸侵蚀及其在河床调整中的意义[J]. 科学通报,1995.9, 40(8)：1689 - 1693.

20. 钱宁,张仁,周志德. 河床演变学[M]. 北京：科学出版社,1987.

21. 黄真理. 阿斯旺高坝的生态环境问题[J]. 长江流域资源与环境,2001(1)：18 - 23.

22. 陈立,张炯,何娟,王鑫[J]. 三峡蓄水后宜都水道冲淤演变及其对航道影响分析.

23. 钟刚. 从世界大河流域开发实践构想长江开发模式[J]. 长江流域资源与环境,1997(2)：122 - 126.

24. Schumm S. A., Galay V. J.. The river Nile in Egypt. In：S. A. Schumm, B. R. Winkley (ed.). The variability of large alluvial rivers. New York：ASCE press, 1994：75 - 102.

25. 陈文彪,谢葆玲. 少沙河流水库的冲淤计算方法[J]. 武汉水利电力学院学报,1980(1).

26. 谢鉴衡. 河床演变与整治[M]. 北京：水利水电出版社,1990.

27. 张俊勇,陈立. 汉江中下游最佳弯道形态的研究[J]. 武汉大学学报工学版2007.1.

28. 欧阳履泰. 试论下荆江河曲的发育与稳定[J]. 泥沙研究,1983.4.

29. Chitale S. V.. River channel patterns [J]. Hyd. Div. Proc., ASCE, 1970,96(HY1):201 - 222.

30. 谈广鸣. 汉江皇庄至泽口段撇弯切滩演变研究[J]. 泥沙研究,1996. 6: 116 - 117.

31. 陈立. 汉江丹江口水库坝下径流调节河段航道整治关键技术研究[R]. 2005. 12.

32. Leopold L. B., Wolman M. G.. River channel patterns: braided, meandering and straight [P]. U. S. Geol Survey Pro., 1957:282 - B.

第6章

1. Friedkin J. F.. A laboratory study of the meandering of alluviol river [J]. U. S. Water, Exp. Sta., 1942.

2. Tiffany T. M., Nelson G. M.. Studies of meandering of model streams [J]. Trans. AGU, 1939:644 - 649.

3. Schumm S. A., H. R. Khan. Experimental study of channel patterns [J]. Geol. Soc. Am. Bull, 1972,83:1755 - 1770.

4. Schumm S. A.. Fluvial geomorphology [J]. The historical perpetive, Hsien wen shen. River Menchanics, 1971:I.

5. Schumm S. A.. The fluvial system[M]. 1979. 3.

6. 唐日长. 蜿蜒性河段成因的初步分析和造床试验研究[J]. 人民长江,1964. 2:13 - 21.

7. 尹学良. 河型的试验研究. 地理学报[J]. 1965. 12,31(4):287 - 303.

8. 洪笑天. 弯曲河流形成条件的试验研究[J]. 地理科学,1987. 2,7(1): 35 - 43.

9. 金德生. 边界条件对曲流发育影响的过程响应模型试验研究[J]. 地理研究,1986. 9:12 - 21.

10. 张洪武,赵连军,曹丰生. 游荡河型成因及其河型转化问题的研究[J]. 人民黄河,1996. 10.

11. 屈孟浩等. 三门峡水库建成后黄河下游河床演变过程的自然模型试验研究[R]. 黄河下游研究组,1980. 6.

12. Stebbing J.. The shapes of self-formed model alluvial channels [J]. Pro.

Inst. Civ. Eng，1963(25)：485 - 510.

13. Ashmore P. E.. Laboratory modeling of gravel braided stream morphology [J]. Earth Surf. Process Landforms，1982(7)：201 - 225.

14. Hoey T. B.. Channel morphology and bed-load pulses in braided rivers：A laboratory study[J]. Earth Surf. Process Landforms，1991(16)：447 - 462.

15. Charles E. Smith. Modeling high sinuosity meanders in a small flume [J]. Geomophology，1998(25)：19 - 30.

16. 倪晋仁.不同边界条件下河型成因的试验研究[D].清华大学博士学位论文,1989.4.

17. 张俊勇,陈立.入流角对河道曲流形成的影响[J].水利水运工程学报,2003.1：63 - 66.

18. 陈立,张俊勇,谢葆玲.河流再造床过程中河型变化的试验研究[J].水利学报,2003.7：42 - 45.

19. 张俊勇.河型成因及转化机理的概化水槽试验研究[D].武汉大学硕士学位论文,2003.5.

20. 谢鉴衡.下荆江系统裁弯后河床演变的探讨[R].武汉水利电力学院科研报告,1960.

21. 谢鉴衡.河流模拟[M].水利电力出版社,1990.

22. Davis W. M.. The geographic cycle [J]. Geogrl J.，1899(14)：481 - 504.

23. Beckinsale，Chorley R. J.. The history of the study land forms or the development of geomorphology，vol3：Historica land regional geomorphology 1890 - 1950 [M]. Routledge，London and NewYork，1991：496.

24. Savigear R. A.. Some observations on slope development in South Wales [J]. Transactions of the Institute of British Geomorphology，1952(18)：31 - 51.

25. 张欧阳.游荡河型造床试验过程中河型的时空演替和复杂响应现象[J].地理研究,2000.6：180 - 188.

26. 倪晋仁,马蔼乃.河流动力地貌学[M].北京：北京大学出版社,1998.

27. 齐璞.冲积河型形成条件的探讨[J].河沙研究,2002.6：39 - 43.

第 7 章

1. 钱宁,张仁,周志德. 河床演变学[M]. 北京:科学出版社,1987.

2. Lewin J., Brewer P. A.. Predicting channel patterns [J]. Geomorphology, 2001(40):329 - 339.

3. Fridman G. M.. Principles of sedimentlogy [M]. John Wiley and Sons, 1978:794.

4. Yang C. T.. On river meanders [J]. Hydrol, 1971.7,13(3):251 - 253.

5. 唐日长. 蜿蜒性河段成因的初步分析和造床试验研究[J]. 人民长江,1964 (2):13 - 21.

6. 尹学良. 河型的试验研究[J]. 地理学报,1965.12,31(4):287 - 303.

7. S. A. Schumm, H. R. Khan. Experimental study of channel patterns [J]. Geol. Soc. Am. Bull, 1972(83):1755 - 1770.

8. Charles E. Smith. Modeling high sinuosity meanders in a small flume [J]. Geomophology, 1998(25):19 - 30.

9. Gupta A.. Stream characteristics in Eastern Jamaica, an environment of seasonal flow and large floods. Amer. J. Sci., 1975,275:835 - 847.

10. 童中均,韩其为. 汉江丹江口水库下游河床冲刷和演变特点. 全国河床演变学术讨论会交流文件,1989.10.

11. 张本义. 丹江口水库下游河道的河型转化. 全国河床演变学术讨论会交流文件,1989.10.

12. Prus-Chcinski T. M.. Discussion on "critical analysis of open-channel resistance". by H. rouse, ASCE J. Hydraulics Div., 1966.3,92(HY2):389 - 393.

13. 张笃敬. 天然河湾水流动力轴线的研究. 长江河道研究成果汇编,1987.

14. 欧阳履泰. 试论下荆江河曲的发育与稳定[J]. 泥沙研究,1983.4.

15. 张俊勇,陈立. 汉江中下游最佳弯道形态的研究. 武汉大学学报工学版,2007.1.

16. 谈广鸣. 汉江皇庄至泽口段撇弯切滩演变研究. 泥沙研究,1996.6:116 - 117.

第 8 章

1. 张俊勇,陈立,王家生. 河型研究综述[J]. 泥沙研究,2005(4)：76 - 81.

2. Leopold L. B., Wolman M. G.. River channel patterns：braided, meandering and straight [P]. U. S. Geol Survey Pro. 1957：282 - B.

3. S. A. Schumm. Fluvial geomorphology，the historical perpetive. Hsien wen shen, River Menchanics, 1971: I.

4. 唐日长. 蜿蜒性河段成因的初步分析和造床试验研究[J]. 人民长江，1964 (2)：13 - 21.

5. 尹学良. 河型的试验研究[J]. 地理学报,1965. 12,31(4)：287 - 303.

6. S. A. Schumm, H. R. Khan. Experimental study of channel patterns [J]. Geol. Soc. Am. Bull, 1972(83)：1755 - 1770.

7. Smith C. E.. Modeling high sinuosity meanders in a small flume [J]. Geomophology，1998(25)：19 - 30.

8. 齐璞. 冲积河型形成条件的探讨[J]. 泥沙研究,2002. 6：39 - 43.

9. 洪笑天等. 地壳升降运动对河型影响的试验研究. 地理集刊(16),北京：科学出版社,1985：38 - 52.

10. 张俊勇,陈立. 入流角对河道曲流形成的影响[J]. 水利水运工程学报，2003. 1：63 - 66.

11. 尹学良. 黄河下游的河性[M]. 北京：中国水利水电出版社,1995.

12. 尹学良. 河型成因研究及应用[J]. 泥沙研究,1999. 4：13 - 19.

13. 尹学良. 黄河下游的过去和未来[J]. 水科学进展,2000(2)：113 - 118.

14. 谢鉴衡. 河床演变与整治[M]. 北京：水利水电出版社,1990.

15. 钱宁,张仁,周志德. 河床演变学[M]. 北京：科学出版社,1987.

第 9 章

1. Davis W. M.. The geographic cycle [J]. Geogrl J., 1989(14)：481 - 504.

2. Chorley R. J., Schumm S. A., Sugden D. E.. Geomorphology [M]. Mechuen, London & NewYork, 1985. 6：26.

3. Beckinsale, Chorley R. J.. The history of the study land forms or the development of geomorphology, vol. 3：Historica land regional

geomorphology 1890 - 1950 [M]. Routledge, London and NewYork, 1991: 496.
4. Savigear R. A.. Some observations on slope development in South Wales [J]. Transactions of the Institute of British Geomorphology, 1952, 18: 31 - 51.
5. Monin A. S., Yaglom A. M.. Statistical fluid mechanics [M]. MIT Press, 1971, vol. 1.
6. Prisch U.. Turbulence: The legacy of A. N. Kolmogorov [M]. Cambridge Univ. Press, 1995.
7. Galanti B., Tsinober A.. Is turbulence ergodic? [J]. Physics Letters, 2004, A330: 173 - 180.
8. Merab Menabde. Linking space-time variability of river runoff and rainfall fields: A dynamic approach [J]. Advances in Water Resources, 2001. 9 - 11, 24(9 - 10): 1001 - 1014.
9. 张欧阳. 游荡河型造床试验过程中河型的时空演替和复杂响应现象[J]. 地理研究, 2000. 6: 180 - 188.
10. 张俊勇, 陈立. 河流自然模型试验时效的研究[J]. 水利学报, 2006(3): 365 - 370.
11. 童中均, 韩其为. 汉江丹江口水库下游河床冲刷和演变特点. 全国河床演变学术讨论会交流文件, 1989. 10.
12. Williams G. P.. Downstream effects of dams on alluvial rivers. U. S. Survey, Prof. Paper NO. 1286, 1984: 83.
13. 许炯心. 汉江丹江口下游游荡段河岸侵蚀及其在河床调整中的意义[J]. 科学通报, 1995. 9, 40(8): 1689 - 1693.
14. 陈立, 张俊勇, 谢葆玲. 河流再造床过程中河型变化的试验研究[J]. 水利学报, 2003. 7: 42 - 45.
15. 张俊勇, 陈立, 张春燕, 王志国. 支流入汇对汉江中下游的影响[J]. 武汉大学学报(工学版), 2005. 1: 53 - 57.
16. Ferguson R. I.. Hydraulic and sedimentary controls of channel pattern [M]. In: Richards, K. S. ed., River channels: environment and process, Blackwell, Oxford, 1987: 129 - 158.

17. Van den Berg J. H.. Prediction of alluvial channel patterns of perennial rivers [J]. Geomorphology，1995(2)：259 - 279.

18. Lewin J.，Brewer P. A.. Predicting channel patterns [J]. Geormorphology，2001(40)：329 - 339.

19. 林振山. 地学建模[M]. 北京：气象出版社，2003. 7.

20. 侯景儒. 实用地质统计学(空间信息统计学)[M]. 北京：地质出版社，1998.

第 10 章

1. 钱宁，张仁，周志德. 河床演变学[M]. 北京：科学出版社，1987.

2. 沈玉昌，龚国元. 河流地貌学概论[M]. 北京：科学出版社，1986.

3. 倪晋仁，马蔼乃. 河流动力地貌学[M]. 北京：北京大学出版社，1998.

4. W. S. Glock. The development of drainage system [J]. A synoptic view，Geolo. Rev.，1931(21).

5. Davis W. M.. The geographic cycle [J]. Geogrl. J.，1989(14)：481 - 504.

6. 科兹缅科. 水土保持原理[M]. 叶蒸等译. 北京：科学出版社，1958.

7. 沈玉昌. 沈玉昌地貌文选[M]. 北京：中国环境科学出版社，1997.

8. Horton R. E.. Erosional development of streams and their drainage basins：Hydrophysical approach to quatitative morphology. Geol. Soc. Amer. Bull.，1945，56：275 - 370.

9. Rosso R.，Bacchi B.，La Barbera P.. Fractal relation of main-stream length to catchment area in river networks [J]. Water Resources Research，1991，27(3)：381 - 387.

10. 张俊勇，陈立，吴门伍，邓晓丽. 水库下游河流再造床过程中的时空演替现象[J]. 水科学进展，2006. 5.

11. 周成虎，孙战利，谢一春. 地理元胞自动机研究[M]. 北京：科学出版社，1999.

12. J. Von Neumann. Theory of self-reproducing automata [M]. Urbana，University of Illionois，1966.

13. M. Gardner. "Mathematical games" [M]. Sci. Amer.，1971，224：112.

14. Murray A. B.，Paola C.. A cellular model of braided rivers [J]. Nature，

1994，371（1）：54－57.

15. Murray A. B.，Paola C.. Properties of a cellular braidedstream model [J]. Earth Surf. Processes Landforms，1997.22：1001－1025.

16. R. Thomas，A. P. Nicholas. Simulation of braided river flow using a new cellular routing scheme [J]. Geomorphology，2002(43)：179－195.

17. Hans-Henrik Stolum. River meandering as a self-organization process [J]. Science，Vol. 271.

18. S. Wolfram. Statistical mechanics of cellular automata[J]. Rev. Mod. Phys.，1983，55：601.

19. N. Packard，S. Wolfram. Two-dimensional cellular automata[J]. Stat. Phys. 1985，38：901.

20. S. Wolfram. Cellular automata as models of complexity [J]. Nature，1984，311：419.

21. Wolfram S.. Nversality and complexity in cellular automata [J]. Physica D：Nonlinear Phenomena，1983. 1,10D(1－2)：1－35.

22. Wolfram S.. Cellular automata as models of complexity. Nature，1984. 10. 4－10,311(5985).

23. Nelson，W. James. A cellular choreographer [J]. Nature，2004－3－4，428(6978).

24. 谢惠民. 非线性科学丛书：复杂性与动力系统[M]. 上海：上海科技教育出版社，1994.

25. 谭跃进. 系统学原理[M]. 长沙：国防科技大学出版社，1996.

26. Malmud B. D.. Forest fires：an example of self organized critical behavior. Science，1998，281：1840－1841.

27. 宋卫国，范维澄，汪秉宏. 有限尺度效应对森林火灾模型自组织临界性的影响. 科学通报，2001,46(21)：1841－1845.

28. R. L. Shreve. Stream lengths and basin areas in topologically random channel networks. J. Geol，1969，77：397－414.

29. L. B. Leopold. The concept of entropy in landscape evolution [R]. U. S. Geol. Survy. Prof. Paper，No. 500－A，1962.

30. Schidegger A. E.. A stochastic model for drainage basins. Intern. Assoc.

Sco. Hydro. ，1967，Pub. No. 76：415 - 425.

31. 金德生,陈浩,郭庆伍. 流域物质与水系及产沙间非线性关系试验研究[J]. 地理学报,2000(7)：439 - 448.

32. Govindaraju R. S.. Approximate analytical solutions for overland flows. WRR，1990，26(12)：2903 - 2912.

33. 孟飞.高强度人类活动下河网水系时空变化分析——以浦东新区为例[J]. 资源科学,2005.11.

34. 李长安,殷鸿福.昆仑山东段的构造隆升、水系响应与环境变化[J].地球科学——中国地质大学学报,1998(5),23(5)：456 - 459.

35. 李长安,骆满生,于庆文等.东昆仑晚新生代沉积、地貌与环境演化初步研究[J].地球科学——中国地质大学学报,1997,22(4)：347 - 351.

36. 向树元.东昆仑阿拉克湖地区第四纪水系演化过程及其趋势[J].地质科技情报,2003(12)：16 - 20.

第 11 章

1. Hage Rstrand T.. A monte-carlo approach to diffusion [J]. European Journal of Sociology，1965，Ⅵ：43 - 67.

2. Tobler W. R.. A computer movie simulating urban growth in the Detoit region [J]. Economic Geography，1970,46：234 - 240.

3. Young P. , Wadge G.. Flowfront：simulation of a lava flow[J]. computes & geosciences，1990,16：1711 - 1191.

4. Smith R.. The application of cellular automata to the Erosion of landforms[J]. Earth surface processes and landforms，1991，16：273 - 281.

5. 周成虎,孙战利,谢一春. 地理元胞自动机研究[M]. 北京：科学出版社,1999.

6. Murray A. B. , Paola C., A cellular model of braided rivers [J]. Nature，1994,37(1)：54 - 57.

7. Murray A. B. , Paola C., Properties of a cellular braidedstream model [J]. Earth Surf. Processes Landforms 1997，22：1001 - 1025.

8. R. Thomas, A. P. Nicholas. Simulation of braided river flow using a

new cellular routing scheme [J]. Geomorphology，2002(43)：179-195.

9. Hans-Henrik Stolum. River meandering as a self-organization process [J]. Science，1996.3，271：1710-1712.

10. 夏军强. 黄河下游的岸滩侵蚀[J]. 泥沙研究，2002(3)：14-21.

11. 谢鉴衡. 河床演变与整治[M]. 北京：水利水电出版社，1990.

12. 张俊勇，陈立. 入流角对河道曲流形成的影响[J]. 水利水运工程学报，2003.1：63-66.

13. Prus-Chcinski T. M.. Discussion on "Critical analysis of open-channel resistance". By H. rouse. ASCE，J. Hydraulics Div.，1966.3，92 (HY2)：389-393.

14. 欧阳履泰. 试论下荆江河曲的发育与稳定[J]. 泥沙研究，1983.4.

图书在版编目(CIP)数据

河流弯道演变与转化的试验研究 / 张俊勇,陈立著.
—上海：学林出版社,2014.8
　　ISBN 978 - 7 - 5486 - 0740 - 3

　　Ⅰ.①河… 　Ⅱ.①张… ②陈… 　Ⅲ.①河道演变—试验研究 　Ⅳ.①TV147

　　中国版本图书馆 CIP 数据核字(2014)第 144133 号

河流弯道演变与转化的试验研究

著　　者——张俊勇　　陈　立
责任编辑——王婷玉
封面设计——周剑峰

出　　版——上海世纪出版股份有限公司　学林出版社
　　　　　　　地　址：上海钦州南路 81 号　电话/传真：64515005
发　　行——上海世纪出版股份有限公司发行中心
　　　　　　　地　址：上海福建中路 193 号　网址：www.ewen.cc
排　　版——南京展望文化发展有限公司
印　　刷——上海展强印刷有限公司
开　　本——710×1020　1/16
印　　张——14
字　　数——23 万
版　　次——2014 年 8 月第 1 版
　　　　　　　2014 年 8 月第 1 次印刷
书　　号——ISBN 978 - 7 - 5486 - 0740 - 3/T·1
定　　价——32.00 元

(如发生印刷、装订质量问题,读者可向工厂调换。)